城乡规划

城市重大活动规划

城乡规划

联合主编单位:
中国建筑工业出版社
复旦规划建筑设计研究院
协编单位:
复旦大学城市经济研究所
复旦大学城市规划与发展研究中心
编委会主任: 陈秉钊
顾问编委(按姓氏笔画为序):

王 战	王仲谷	王景慧	王静霞	邓述平	卢济威	全永燊	朱自暄	何镜堂
吴良镛	李德华	邹德慈	周干峙	郑时龄	柯焕章	耿毓修	崔功豪	黄富厢
彭一刚	葛剑雄	董鉴泓	董黎明	蔡镇钰	戴复东			

编 委(按姓氏笔画为序):

马 林	王世福	王建国	王海松	王祥荣	王唯山	王富海	王缉慈	方创琳
尹 稚	冯现学	冯意刚	司马晓	刘奇志	华 伟	吕 斌	孙施文	朱子瑜
朱光辉	朱喜钢	苏海龙	余柏椿	吴之凌	吴志强	吴唯佳	张 兵	张 杰
张 松	张 泉	张乐天	张京祥	张晖明	张鸿雁	李 迅	李和平	李晓江
杨保军	杨贵庆	杨新海	邱 跃	邹 军	陆锡明	陈 天	陈家宽	陈 锋
周伟林	周 岚	林 坚	郑成华	金广君	俞斯佳	俞滨洋	赵万民	唐子来
唐晓峰	袁奇峰	章仁彪	黄亚平	雷 翔	谭纵波	戴星翼		

主 编: 陈秉钊
副主编: 王新军 陆新之 万 勇
本辑审稿: 陈秉钊 崔功豪 毛佳樑
编辑部主任: 黄 翊
编 辑: 李书音 沈志联 周蜀秦 周江评
责任编辑: 焦 扬
装帧设计: 冯彝诤
责任校对: 姜小莲 王雪竹

编辑:《城乡规划》编辑部
收稿邮箱:cityplanning@vip.sina.com
北京编辑部:010-58337108
地址:北京市三里河路9号中国建筑工业出版社新楼903室
邮编:100037
上海编辑部:021-65104410
地址:上海市国泰路127号复旦大学国家科技园2号楼4楼复旦规划建筑设计研究院
邮编:200433
出版单位:中国建筑工业出版社

图书在版编目(CIP)数据

城乡规划——城市重大活动规划/《城乡规划》编委会编.—北京:中国建筑工业出版社,2012.12
  ISBN 978-7-112-15023-6

  Ⅰ.①城… Ⅱ.①城… Ⅲ.①城乡规划-研究-中国②城市-活动-规划-研究-中国 Ⅳ.①TU984.2

  中国版本图书馆CIP数据核字(2012)第318053号

城 乡 规 划
——城市重大活动规划
*
中国建筑工业出版社出版、发行(北京西郊百万庄)
各地新华书店、建筑书店经销
北京嘉泰利德公司制版
北京云浩印刷有限责任公司印刷
*
开本:880×1230毫米 1/16 印张:7¾ 字数:266千字
2013年3月第一版 2013年3月第一次印刷
定价:**38.00**元
ISBN 978-7-112-15023-6
  (23107)

出版前言

重大城市活动是由城市政府主导，进行全力投入、全面规划和长期筹备，以提高城市形象和竞争力，对城市经济社会发展具有重大积极意义的"事件"。

在 21 世纪的全球化加速进程中，日益激烈的竞争越来越体现为城市之间全方位的综合实力角逐。重大城市活动被誉为城市经济和空间更新"触媒"，近年来备受我国城市经营管理者的青睐，并获得广泛的开展。国际性的重大事件，可以成倍地放大城市的知名度，吸引全球的注意力，进而促进城市的国际化，提升整个城市的综合竞争力。无论是 2008 年北京奥运会、2010 年上海世博会，还是广州亚运会、2011 西安世园会，无不成为大城市积极挖掘自身潜力，向外扩展城市空间、向内整合城市资源，以提高城市竞争力和区域影响力的重要契机。因此，如何进行重大活动规划，综合考虑活动场地以及周边的土地利用、交通、生态绿化等因素，如何结合重大活动制定后续开发规划，这些技术性问题都曾一度引发社会的广泛讨论和关注。

随着活动盛典的大幕一次次成功落下，城市的发展即将开启新的航程，人们开始更多地从深层面进行反思和考量。国际重大活动在中国城市转型重构的大背景下究竟发挥了什么作用，是否在推动经济之外为当地留下更多，如何使重大活动规划融入长远的城市乃至区域发展战略框架；在重大活动规划与后续利用中应如何平衡全球化的需求和当地发展诉求之间的关系，政府在相关决策时又应形成怎样的价值选择……2012 年伦敦奥运会的规划和举办也从多个角度为我国城市提供了宝贵的学习和借鉴经验。

城市重大活动规划无论是技术经验总结还是价值选择探讨无疑将成为学界、业界长期的热点议题和研究对象。本辑主要围绕这些热点议题邀请专家学者展开讨论，旨在抛砖引玉，引发更广泛、深入的思索。

汇集多方智慧，共谋城乡发展，是为前言。

《城乡规划》编辑部
2012 年 12 月

目 录

本辑导读

近些年来中国无疑成为了全世界城市化进程最快的国家之一，以珠三角、长三角、京津唐为首的巨型城市圈迅速崛起。与此同时，先后有奥运会、世博会、亚运会、世园会等重大城市活动在这些城市中相继举办，很大程度上成为城市加速发展的触媒，起到了不容忽视的作用。在这样的大背景下，有必要对这些重大城市活动进行研究，以期寻找它们的发展规律及对城市的影响。

本专辑共分六大版块，有新视角·新思维，实践·求索、借鉴·启示、城市·视窗、杂谈·随想和书评。导读试将这六大板块的文章内容做一梳理，以便于作者快速地了解。

在新视角·新思维版块中，"城市重大活动中的政府职能浅析"（崔宁）认为城市政府在城市重大活动规划中发挥了决定性的作用是其共同特点之一。重要原因是城市政府将"重大城市活动"作为城市发展的战略机遇，希望通过"城市重大活动"来吸引广泛的注意力，提高城市管理水平和改善基础设施，最终实现城市竞争力的提升和经济持续增长。在"演进路径、作用机理及定位模型：城市重大项目的分析视角"中，李昕认为重大项目已成为中国城市发展转型与重构的普遍景观和动力机制。在推动城市转型发展和价值实现等方面发挥着战略性作用。因此研究重大项目管理定位非常重要，应该把它从城市管理层面和项目管理层面分离出来。

"节事活动规划与城市转型"（吴必虎，舒华）围绕节事活动展开城市发展问题的讨论，从"工业型城市向人居型、现代服务业、旅游目的地城市的转型"这个视角进行论述，与当前形势、城市发展关注点扣得较紧。文章阐述了城市发展从工业推动转到多元动力推动，即"多元城市化动力替代以往一元或二元城市化动力"这一观点是鲜明的。同时指出"总的趋势是城市朝着关注人的需求的人本主义方向发展。21世纪的城市转型是在环境危机、能源枯竭、人口爆炸、经济危机、全球化、信息化飞速发展等背景下进行的。生态城市、智慧城市、文化城市、集约城市成为当今城市转型的基本趋势"是有现实意义的。而且强调了各城市历史文化等不同，节事活动规划要植根于群众基础，不要一拥而上。不仅关注经济还应对城市各方面的进步有所关注，注意节事前、中、后的统一考虑等问题。

"亚运影响下的广州城市空间结构优化与旧城历史文化保护"（刘斌，何深静）通过广州举办的亚运会这一大事件，论述大事件对推动城市空间结构调整、优化的成果。各城市都争办大小大事件，通过广州举办亚运会，论述大事件对推动城市空间结构的调整、优化的成果，尤其在旧城改造中取得的明显成效。在具体事例的分析基础上，总结了经验和存在的问题，具有借鉴意义。"上海城市发展进程中世博会的介入及其效应转化研究"（王伟，朱金海）从信息化时代和全球化背景下，探讨"重大事件"为城市发展带来的贡献。并进行了历届世博会后续效应转化方式的引介与比较，进而对上海世博会后续效应转化的思路与方向进行探讨，以期能为上海世博资源后续利用的效益最大化作出有益探索。

在实践·求索版块中，有两篇文章涉及重大活动规划的交通组织问题。"北京奥运交通规划的历史经验"（全永燊，马林红等）提出了奥运交通规划四个方面的关键问题，包括需求预测过程中奥运需求与城市背景需求的兼容性与差异性的把握，交通规划的系统集成以及与外部规划的协调互动，对人流集散方案的仿真测试，对需求管理方案的有效性评估。并对奥运交通规划全过程的研究技术创新进行了归纳总结。"重大城市事件下的交通发展对策——以上海世博会为例"（邵丹，陈必壮）认为交通规划和政策的制定必须兼顾阶段性发展需要，并为后续利用提供条件。以上海世博会为例，介绍了世博会举办前后，世博园区毗邻相关地块在不同阶段的规划重点和思路。"全球性大事件对大都市流动空间的影响研究——以北京奥运会为例"（陆枭麟，张京祥）从大事件和空间关系角度，着重探讨了大事件对大都市流动空间的影响（流动空间是围绕人流、物流、资金流、技术流和信息流等要素流动而建立起来的空间，以信息技术为基础的网络流线和快速交通流线为支撑，在这种状态下，空间的逻辑发生了变化：即从场所空间（space of places）转化为流动空间），流动空间促进了世界城市体系的快速更新——任何区域、城市将不再是孤立的，高端的生产要素和组织形式将重新分配，城市或区域之间的竞争将愈发激烈。以北京奥运会为例，较为详细地研究了其作为全球性大事件的结构特征，对大都市流动空间构成要素和空间组织模式的影响，并由此提出了相应的大都市流动空间构建的建议。拓展了城市空间结构研究的视野，对当前各城市借城市事件进行城市建设具有参考意义。"广州亚运会区域关联响应的信息流表征"（赵渺希，窦飞宇）从城市大事件对城市发展影响的研究中，目前国内开展较少的新闻信息流视角，以广州亚运会为例对相关 107 个城市与此大事件的信息区域关联响应进行分析研究和定量模拟，提出了颇有新意的见解。

在英国伦敦举办的 2012 年奥运会刚结束不久，在借鉴·启示版块中特别甄选了一篇"奥运交通遗产"，来介绍这次伦敦奥运会的硬遗产和软遗产。文中指出，奥林匹克运动越来越追求硬遗产和软遗产的整合。但是不同的主办城市间的差异如此之大，要评估遗产价值只能区别对待。而且最大的困难之处在于要真正测算超越纯粹经济回报之上的遗产价值，必须等到奥运结束之后。

另外，本专辑增加了城市·视窗和书评两个版块。

在城市·视窗版块中，"香港的'风土人情'：规划篇"（黄伟民，陈巧贤）以"风"、"土"、"人"、"情"四个元素为我们勾画了一幅香港这个国际化大都市的全景图，并介绍了香港就以上四个方面实践城市规划的智慧和经验。书评版块中推介了今年广受好评的一本书《落脚城市——最后的人类大迁移与我们的未来》，该书作者为《环球邮报》欧洲局负责人道格·桑德斯。桑德斯从 2007 年开始，深入接触包括欧洲、印度次大陆、北非、南美、中国和美国五大洲数十个国家和地区的底层平民，以不带任何种族与地域偏见的视角真实反映了各个国家中从农村迁往城市人群的生活状态，刻画了遍布全球的"落脚城市"，也就是国内称为的"城中村"。书评人陈盈在《落脚城市：走向主流社会的接待厅》一文中以苏州园区的落脚城市人群为例，着力表现书中所提及的落脚城市的生命力。并指出，苏州乃至全国近二十年的发展，其实很大一部分是由这些漂泊无根的人造就而成的。因无根，就需要去生根。落脚城市为城市发展带来了活力，而城市，一定要做好准备迎接他们的到来。

杂谈·随想版块中，朱大可在"世博狂欢后的文化展望"中通过对后世博文化遗产的批判，表达出民众对世博会等重大城市活动所寄予的厚望。世博会的举办不只是正在崛起的大国"秀肌肉"的一次公演，更应成为推动整个社会文明前进的动力。杨贵庆在"得与失：作为社会空间再生产动因的城市重大活动"中建议在进行城市物质空间环境改造的同时，充分重视原有城市社会生活肌理的多样化，重视原有城市日常生活的社会网络和活力，从而使得城市社会空间的再生产，既满足新的社会空间生产的需要，又反映出物质空间表象之后的社会公平。只有这样，才更能体现出城市空间规划建设的人文精神和可持续发展的要义。

城市重大活动中的政府职能浅析

The Analysis of Government Functions in Major City–events

崔宁

【摘要】近年来在中国城市先后承办了一系列的"重大城市活动",如2008年北京奥运会、2010年上海世博会、2010年广州亚运会、2011年的深圳大运会和西安世园会等,城市政府职能在其中发挥了决定性作用是其共同特点之一。上述现象的深层原因是城市政府将"重大城市活动"作为城市发展的战略机遇,希望通过"城市重大活动"来吸引广泛的注意力,提高城市管理水平和改善基础设施,最终实现城市竞争力提升和经济持续增长。

【关键词】城市活动 政府 职能

Abstract: In recent years, cities in China have undertaken a series of 'major city-events', such as the 2008 Beijing Olympic Games, 2010 Shanghai World Expo, and 2010 Guangzhou Asian Games. The underlying cause of this phenomenon is the city government has been 'major city-events' as a strategy for urban development opportunities, and hopes 'major city-events' to attract wide attention, to improve urban management, and ultimately improve urban competitiveness for sustained economic growth.

Keywords: city-events, government, functions

1 引言

北京2000年第六届世界大城市首脑会议签署的《北京宣言》指出:21世纪是城市世纪……城市发展将由此翻开崭新的篇章,谱写人类文明进步更加美好的史话……经济全球化的步伐不断加快,城市功能的国际化日益明显,城市之间更加相互依赖,需要我们在繁荣与平等的原则下,在更宽的领域和更高的层次上加强交流与合作。

上述文字揭示了经济全球化给城市带来了两个方面的深刻变化:一是城市的国际化,二是城市之间联系更加紧密,实质是竞争更加激烈。在此文字背景下研究中国的各个城市越来越频繁举办的城市重大活动,各个活动的规模指标频频创造世界之最,其深层次的原因是政府与城市活动之间日益紧密的联系机制,"重大城市活动"已经成为政府面对城市国际化和城市间竞争挑战的应对手段,是实现城市发展目标的重要工具之一。

城市政府为推动城市发展,需要在各方面做出大量努力,主要包括持续创造新的需求,扩大投资以刺激经济增长;其次是必须扩大城市的影响力,提高城市竞争力,以吸引投资和人才。重大城市活动作为政府提高城市竞争力的战略工具,可以较好地满足城市政府的上述意图。因此,城市政府在主观上存在举办城市活动的迫切需要,前提是城市活动的结果与城市发展战略目标相一致,并与城市的财力物力相符合。

2 政府主导重大城市活动的动因

2.1 作为战略机遇的城市活动

本研究定义的"城市重大活动"应同时具备以下要件:①国家级甚至国际级的影响力;②政府直接主导或者授权组织;③资金、人力、宣传和硬件等资源的高投入;④广泛的社会认知和参与。综上所述,"城市重大活动"即是由城市政府主办或政府授权主办,需依靠一定的政府资源,在城市举办的、具有广泛影响力的、有助于实现城市发展目标的,重要的政治、经济、文化、体育等大型活动,例

作者:崔宁,上海世博建设开发有限公司,副总经理,城市规划博士

如政治经济类城市活动，包括北京 1999 年和 2009 年国庆大典、上海 APEC 会议、博鳌亚洲论坛等；文化类城市活动，包括世博会、音乐节、电影节、旅游节等；体育类城市活动，包括奥运会、亚运会、大型赛事、NBA 全明星周末等。

城市活动可以在世界范围内成倍地放大城市的知名度，法国海滨城市戛纳通过戛纳电影节全球闻名；达沃斯财富论坛使世界记住了瑞士小镇达沃斯；音乐节成为奥地利萨尔茨堡的城市名片；博鳌亚洲论坛使最初在海南都默默无闻的博鳌一夜之间成为世界的焦点。

城市政府希望通过"城市重大活动"来吸引全球的注意力，实现城市功能的提升，空间结构的调整。各个城市不同的发展战略选择相应的城市活动，奥运会、世博会、F1、国际峰会、财富论坛等成为国际大都市竞相追逐的目标；电影节、旅游节、艺术节、音乐节、选美比赛等活动成为旅游休闲城市的首选；而举办各类展销会则成为商业贸易类城市的惯例。

回顾历史，类似中国连续举办奥运会和世博会这样经历的国家之中，日本、韩国和西班牙是成功的典型案例。

日本在 1964 年举办了东京奥运会，随后在 1970 年举办了大阪世博会。通过两次国际盛会的推动，日本的经济在 1961 年到 1970 年年均增长了 11.6%，建成了以东京和大阪神户为中心的两大世界级经济中心，基本奠定了世界经济强国的基础。

韩国在 1988 年举办了汉城奥运会，在 1993 年举办了大田世博会。在举办奥运会以前，韩国国内政局动荡，经济发展时有起伏。但是，申办成功以后，韩国开始集中全国力量办好这两次盛会。奥运会和世博会也丰厚回报了韩国，国内人均生产总值从 1985 年的 2300 美元[①]增加至 1995 年的 10000 美元，政治、经济和社会秩序均实现了稳定。

西班牙在 1992 年举办了巴塞罗那奥运会和塞维利亚世博会。1986 年，西班牙加入了欧共体时，人均 GDP 每年约 6000 美元，2006 年则达到了 20000 美元，奥运会和世博会给予的战略机遇是其中的重要因素。

作为战略机遇，城市活动如果失败，负面效应同样影响深远。1976 年加拿大蒙特利尔奥运会作为活动基本成功，但运营不善产生的 10 多亿美元债务，使该市纳税人至 20 世纪末仍无法还清。有人讽刺说，为了 15 天的奥运会，增加了纳税人 20 年的负担。1984 年新奥尔良世博会组织者宣布破产，市政府被迫承担其中 3600 多万美元的亏损的同时，还导致部分产业发展过剩，产生经济泡

沫，甚至影响路易斯安那州在 1986 年出现 GDP 的负增长，州经济总量直到 1989 年才恢复到 1984 年水平。该实例说明城市活动必须与城市发展趋势相匹配，同时取得市场的良性响应和跟进，城市空间结构的演化趋势才可能向良性的方向发展。

事实上，近年来在中国大陆举办的"重大城市活动"，包括政治、经济、文化、体育等各类大型活动，2008 年北京奥运会、2010 年上海世博会、2010 年广州亚运会、2011 年深圳大运会和西安世园会等，均由政府亲自主办或政府授权主办，承办过程中投放的政府行政资源和财政资源是决定性的，并完全承担了其中的运营风险和安保责任。

2.2 城市活动是城市愿景的形象化

城市发展战略是城市未来发展的抽象蓝图，为了使公众与市场接受并认同，并与政府齐心协力来实现发展目标，政府需要将城市发展战略形象化，变成具体的公众能够感知的事物，因此主动开展一些具体和带有示范效应的工程项目，包括城市活动，主动参与并影响市场运作和市民生活；另一方面，城市重大活动为政府采取阶段性执政措施提供了依据，市政府可以向上级政府部门申请优惠政策，可以集中财力、物力和人力突破发展过程中的瓶颈，突破城市发展的门槛，所谓"集中力量办大事"。

城市执政者在周期性换届的压力下，不论是选举制需面对全体市民，还是任命制需面对上级机关，如何确保连任或者晋升，现实的选择之一是在不偏离城市总体战略目标的前提下，利用"城市活动"所描述的城市未来愿景，将本届政府的工作能力和执政水平形象化，可以合情、合理甚至合法的预支下一届政府的资源储备，改善当前政府的财政状况，可以获得下届连任的有力而且广泛的支持。

不论中外城市，城市政府换届或者执政者去留是正常和频繁的事情，换届或者换人都会直接影响城市发展战略的具体实施，进一步导致城市发展战略发生摇摆。如果城市已经启动一项重大城市活动，假设出现政见不一的换届，即使继任者对上一届政府启动的"城市活动"有所异议，但忌于"城市活动"是属于公众或者国际承诺，新政府很难推翻上届政府的决策，而且为稳固自身的执政基础，只能继续高质量地执行前届政府的执政目标。在一定程度上，城市活动对政府也是一种限制，在一定程度上避免了政府更替对城市发展造成的干扰。

在城市重大活动的决策阶段，城市之中的各个利益集

① 何振梁. 序——奥运圣火，永放光芒//我策划了汉城奥运会.

团的认识必然存在严重分歧，事件能够顺利启动必须依赖政府的强力推动，概括而言"政府主导"是第一要件。事件启动并对公众承诺之后，"事件"成为社会公众考核政府执政能力的标尺，变成了"不得不做，而且必须做好"的政府责任。

2.3　作为施政手段的城市活动

在相对稳定的状态下，城市发展过程中将产生某些限制其发展的极限或者障碍，此种极限可视为发展的临界。但是临界状态是有前提条件的，如城市所处的空间容量和环境容量，城市的交通区位和经济区位，城市内基础设施和人力资源构成等，都是决定城市临界点的条件。同时，临界点的条件也是可能改变的，如高速公路或者铁路可改善城市的交通区位，大规模城市建设可改善城市基础设施。

城市政府推动城市发展的核心工作之一，则是控制和引导"量"变的积累和方向，突破不利于城市发展的临界状态，推动和加快有利于城市发展的"质"变。在政府的思维定式之中，"城市活动"是一种帮助政府集中资源，突破临界状态制约的施政手段。

城市自由经济发展虽然可促进个体效率最优，但是城市作为参与全球竞争的主体，未必能够保证竞争力最强，因此城市政府干预经济和城市发展越来越普遍，效应越来越明显。城市政府不但是市场经济的干预者，在一定程度上也是市场经济的既得利益者。在隐性方面，各类利益集团，包括国企、民企、外资、公众等与地方政府的密切结合形成了强有力的政治力量，通过各种渠道对城市发展方向的影响也日益增强。政府主动干预实施的大型工程或活动，在过程中打破了市场与社会之间的传统平衡状态，从打破均衡导致不均衡，再到形成新的均衡，最终达到政府所需要的并符合各方利益的城市发展目标。

D.Harvey指出，"政府为了刺激经济增长，必须'创造'出新的需求"，更是点出了当代政府热衷于城市活动的要害，也是本研究的重要立论依据之一。例如，市场力联合政府力，即D.Harvey描述的地方利益集团与地方政府密切结合形成的合力克服社区力的惰性，控制城市空间结构的演化方向；反之离开政府力时，当市场需求与城市空间结构有矛盾时，单纯依靠市场力是不可能改变现状的。

在"城市重大活动"的过程之中，由于政府从"宣传"到"主导"，从"立法"到"执法"，从"行政许可"到"行政救济"等各个环节均高度聚焦于"城市重大活动"。虽然整个举办过程涉及大量且关系复杂的利益集团，但是在政府的强力推进下，多头复杂的利益集团只能放弃部分固有利益，同时希望能够与"政府力"保持方向一致以获得新增利益或者补偿损失。例如，在上海世博会的土地储备中，5.28km² 的场地拆迁范围内，涉及1.8万户居民和272家单位的拆迁量，被拆迁企业只能接受政府统一制定的土地拆迁补偿价或者定向搬迁安置；而政府针对拆迁居民的高额补偿机制显然影响土地的后续利用的经济性，但土地储备企业（世博土地储备中心）同样坚决执行。

2.4　作为宣传窗口的城市活动

城市为了争取更多的投资和人才移民，吸引更多更高质量的跨国公司和国际经济实体进驻城市，以及融入全球化的生产分工之中，谋求国际化的城市必须不断提高自己在世界范围内的关注度和知名度，扩大城市的国际影响力，以实现城市自身的财富积累和功能提升。举办重大城市活动的目的之一是城市自身的推介和宣传，作为一项耗资亿万的工程，其中推介宣传的指向性也是非常明确的，即针对世界最高端的经济活动和投资。

高端经济活动和投资是世界城市之间竞争的主要目标，高端经济活动包括银行证券、投资融资、外汇交易、资产管理、资产并购、信息交易、顾问咨询、展览贸易等等，是财富流动和交易以获取最大利润的途径。但是投资资本具有高度敏感和趋利避害的特性，高度敏感性是资本对自身的安全预期以及对所处环境的主观评价的细微问题，均可能引起资本的转移，甚至不计损失的出逃；而趋利避害是资本在相对安全的前提下对增值保值的需求。高度敏感特征决定了投资资本在进入一个陌生环境的小心翼翼，趋利避害特征决定了投资资本对客观环境的基本要求，一是安全，二是赢利。

在城市政府的执政管理方式越来越趋同的时代，在为了吸引投资和拓展市场，各个城市之间的税收减免、土地出让、开放市场等优惠政策的比较差别越来越小的情况下，城市活动是一个非常有效的对外推广和宣传的平台，可以做到"人无我有"，帮助树立政府的良好形象，展示城市精神和文化。城市活动具有广泛的影响力，并在数年内产生相对稳定的媒体吸引力，同时城市活动的举办过程可直观体现政府的控制力，伴随事件进行的是密集的各类高端活动和交流，为人才和资金提供了合适的观察窗口。

以举办上海世博会的上海为例，在向国际大都市调整迈进的过程中，上海为了在同级别城市竞争之中脱颖而出，向国际化大都市的目标奋进，必须通过国际间的合作与竞争才能实现。合作依赖交流和沟通，竞争则需要实力为基础，世博会是世界多元文化及科技欢聚和展示的场所，已经成为国际公认的交流与沟通平台，是经济、技术和文化实力展示的最佳舞台。上海举办具有巨大国际影响力的2010年上海世博会是一个千载难逢的历史机遇，是上海融入世界城市体系的契机。

3 建立在政府平台之上的联系机制

3.1 政府决策的目标性

政府是城市的管理者，政府的具体行政行为，特别是重大事项的决策思路与城市发展战略目标关系等方面，是分析政府的执政思路的基础。城市重大活动能否在某一城市发生，政府决策与否是最关键因素。假设不存在上级行政干预的情况，或者利益集团的误导，城市政府应否定与城市发展战略目标相违背的城市活动。如果政府外的利益集团希望符合本身利益的城市活动在城市内举办，也必须通过政府的途径。

具体到城市重大活动的决策，城市政府在主观上选择的是符合城市发展战略的城市重大活动，作为实现任期内执政目标的战术手段。当城市重大活动对城市发展战略和城市总体规划产生重大影响，尤其是影响城市整体发展方向的城市重大活动，或者资金投入和综合效益难以平衡，政府一般会选择谨慎的态度加以对待。典型案例是 2011 年 1 月 14 日，基于公众和议员对亚运会投资效应的广泛质疑，香港特区立法会财务委员会否决了香港特区政府提出的 60 亿港元经费办 2023 年亚运会的拨款申请。需要说明的是"申办亚运会"本身就是一项重大城市活动。

在城市活动的筹划之初，城市政府拥有对城市活动的绝对主导权。通过项目策划、计划、资金、选址等方面的研究，政府可以预估事件对城市造成的影响，制定应对预案，甚至拥有该项目的否决权。而城市活动启动之后，随着资金和人力源源不断地投入，事件所面临的新情况、新问题和新需求将不时出现，特别是当社会力量参与筹办之后，政府对其的控制力将被削弱，甚至可能反过来被"城市活动"所控制。

3.2 政府角色的重要性

政府在城市活动的角色关系大体上可归纳为干预性政府和主导型政府两大类。政府角色定位决定了参与事件的其他集团，如市场、市民等的定位关系。

干预型政府，强调社会经济主体在发展机会方面的均等性，是城市内部各个社会经济主体的利益的维护者和平衡者，政府力是对城市发展进行必要干预的手段。此类政府也会积极主动举办一些城市活动，目的是为城市各个利益集团划定共同目标，引导社会资源为城市发展和公共利益做出贡献。政府角色是动员引导市场力与社区力，通过政策激励或者利益同享等措施，将市场和市民推为城市活

动的真正主角。此类情况城市空间结构演化程度较小，往往在局部发生符合市场或者市民需求的相应变化。

主导型政府，以中国内地的城市政府为代表，是城市资源的最大拥有者和绝对支配者，采取积极主动的执政思路。作为掌控城市发展方向和经济命脉的强势政府，需要强有力的工作支点，以保证各项政令高效地落实，确保政府在城市发展中的主导地位。区别于干预型政府，此类政府的最大特点是亲历亲为，为实现执政目标，或者更确切的是执政考核目标，愿意动员市场和市民与政府同心协力，共同举办城市活动。政府可以集中最大的资源，容易在短期内实现城市空间结构的明显演变。

城市重大活动将筹办期计入，时间跨度均在数年以上，中间的不确定因素很多，特别是资金缺口，宏观环境恶化等各种风险必须有政府支撑作为保证。例如，1982 年美国诺克斯维尔世博会主办企业得到了各级政府数千万美元的资金，以及其他相关支持，最终取得了成功；而 1984 年美国新奥尔良世博会的组织者完全是私营企业和公司，没有政府的大力支持，还未到世博会正式开幕，组织者就已经宣布破产[①]。城市重大活动脱离政府平台，独立运作几乎是不可能的。

上海市继浦东开发之后，经过 10 多年的高速发展，城市综合实力已经站在了国际大都市的门槛上。随着经济的发展，上海的城市空间在超常规膨胀的同时，城市内部的结构性问题并没有彻底解决，例如，产业分布与空间结构的矛盾，多中心结构与城市轴向发展的不平衡，拆迁的高成本导致利用依靠土地级差效应推进的城市更新的难度逐年增大，交通服务配套水平与城市规模和产业要求脱节等问题，都需要上海市政府对城市空间结构进行大幅度的继续优化。特别是当 2002 年全市人均 GDP 已经接近 5000 美元，接近香港和新加坡等同类城市 1980 年代初的水平，也是国际公认的一个很重要和很危险的关口前[②]。为实现在 2020 年上海基本建成国际经济、金融、贸易和航运中心之一的城市发展战略目标，上海市需要一个促进上海新一轮发展的强有力的"推进器"。作为中国政治和经济中心的北京选择举办奥运会作为城市发展的动力，而作为中国最大的经济中心和国际化都市之一，国际经济和文化交流的盛会"世界博览会"自然成为上海市政府的合理选择。

上海市政府举办世博会必须动员各方力量，通过政府和企业的全力支持，以及全民参与，将是提高城市竞争力的重大机遇。面对上海世博会数千万人次的场地空间需求，

---

① 参见世博会与上海新一轮发展—世博研究专题报告，46页。
② 参见世博会与上海新一轮发展—世博研究专题报告，代序。

城市需要提供 10 多平方公里的完整场地用于直接用途和拆迁安置；平均每天 40 万人次的交通进出需求，将促进城市基础设施和公共服务设施的建设；大量国际政要的访问，将是城市更新和环境综合整治的外部动力。

4 重大城市活动的外部效应

4.1 功能和环境完善效应

现代城市是工业化的产物，它因工业化而兴起并不断演变。在不同的发展阶段，城市的功能定位和发展战略目标是不同的。在工业化起步阶段，城市通过加强基础设施建设以更好地吸引制造业，城市发展集中在硬件设施的投入之上；而城市进入后工业化阶段，城市的竞争实力更多地体现在综合服务优势之上，第三产业的崛起以及城市知名度的提高是城市成为"投资磁石"的必要条件。为保证城市活动的顺利进行，举办城市必然投入大量的人力物力进行基础设施的功能完善和服务软环境的建设。城市重大活动对城市的内在功能的推动效应主要体现在以下五个方面：

一是促进现代化基础设施、方便快捷的市内外交通系统和大容量网络化通信系统的建设，以确保其与全球的同步响应；

二是增强城市的辐射和集聚能力，为建立国际性的产品、资本、技术、信息的交易中心和综合人才高地创造条件；

三是完善城市的综合服务功能，同步提升跨国公司总部、国际组织总部等各类国际性经济实体进驻的软环境；

四是优化公平、公正和公开的市场经济环境，对等合理的对外开放度，以及政府诚实守信和高效务实；

五是提供良好的社会治安、人文基础和生态环境，具有丰富多彩的城市物质和文化生活。

筹备城市重大活动的前期投入可以通过城市活动的外部效应获得各方认可，硬件设施和软件设施则可在事后继续服务于城市和广大市民。

4.2 资源的优化集中效应

土地资源、人力资源和聚集资金是城市竞争力的内部核心资源，而政府的职能则是对资源的政策引导和宏观调控，形成对资源的高效合理的分配和使用。例如，通过基础设施建设，提升土地资源的利用价值；通过教育和人才引进，提高市民的综合素质，形成城市之间人力资源的比较优势等。

资源主要三个来源渠道，一是自身资源积累，二是上级政府的财政和政策支持[1]，三是市场融资。城市自身资源的积累是一个缓慢的过程，不能满足城市的跨越式发展需要。因此当城市发展机遇到来时，政府必须在外部筹集最大的资源以保证城市发展的需要，并可通过资金聚集进一步形成"谷地"效应。

城市重大活动对城市发展预期的推动效应可以转化为上级政府和市场对发展机遇的认同，城市政府可利用这方面的广泛认同向上级政府争取财政和政策方面的支持，甚至可以获得国家的直接投资。另一方面，城市活动作为政府相关的重大项目，城市政府还可使用政府信用向市场进行融资，如企业投资、企业赞助、银行信贷等，进一步扩大资源的来源渠道。

对于城市政府而言，集中城市资源的最大阻碍在于内部各个行政条块分割造成的部门集团利益对有限资源的争夺，以及各个部门对本系统内资源的分散使用，财政支出总是形成四面出击的局面。城市内部日常经费的日益增长加剧了财政投入的分散，各个部门的本位主义和局部利益更遏制了资源的高效集中。政府行政管理的特点之一是不诉不理，在过去通行的行政命令往往是不合法的，亦是无效的。政府自身也渐渐认识到现代城市管理已经不能继续沿用计划经济时代的行政命令和行政干预来管理城市。

政府主观上希望通过一切手段来调动各方的积极性，扩大城市的影响辐射范围，以吸引尽可能多的财政支持和多元投资，动员最大的人力和物力等资源来实现其执政目标。为实现上述目标，在政府的行政手段非常有限的客观条件之下，城市政府将城市活动作为抓手，事件决策目标的导向性保证了政府能够集中资源，采取各方均能接受的行动目标和行动方案，无论是主动接受还是被动接受，分散在各个部门的资源自然会按照行政命令集中使用。

4.3 政令的协调和同步效应

法兰西规划学院教授 F.Ascher 认为"周期性的国际重大文化和体育活动在全球范围内对人们的社会活动起到了'再同步'的作用"。

随着各类活动和需求的多样，城市的结构和功能已经成为复杂的巨系统。在城市内部条块分割造成资源分散的同时，还造成城市内部各个子系统的协同困难。各个系统的工作聚焦于系统内部利益，而对不利于自己的外部影响有一种自然而且本能的抗拒和"纠对"，结果是"政令不通"

① 由于中国土地资源的缺乏现状，各级市政府仅掌握现有土地资源的调控权，而农业用地转为城市建设用地，即扩大土地资源的权力归国务院。国务院特批上海10km²土地用于上海世博会拆迁安置基地建设，是对上海最大的政策支持之一。

或者"上有政策下有对策"。

城市政府在城市管理者的角色基础之上，逐步增加出城市经营者的角色,政府通过制定区域性质的"游戏规则",经营、分配和运作城市资源。城市政府希望能有行动的"同步器"，使部门利益和眼前利益统一在全局利益之下。

政府所属的组成部门在开始阶段，并不能对"城市活动"的意义达成共识，存在大量的不同意见是必然的，但作为政府的下级执行部门，服从是天职，城市活动定能通过各项具体政令和行政行为对城市的各个方面产生影响。城市重大活动明确的各个分系统目标，将利益各异、绩效参差不齐的各个分系统统一在整体节点目标之下；城市重大活动带有政府背景的指挥（筹办）机构的统一指挥可将工作节奏各异的各个部门形成合力；对外宣传使各个系统的行政绩效暴露在社会和公众的监督之下，形成的舆论压力对政府提高行政能力、改善办事效率产生良性的促进作用。

4.4　公共投资拉动效应

从城市经济学的角度，赵燕菁先生提出城市重大活动的"好处就是能够提供一个巨大的外部需求，使得超前提供的基础设施成本的很大一部分被迅速收回。这样基础设施就可以在本地需求水平较低的时候，有一个超前的发展，从而带动城市竞争力的全面提升。"[①]

城市重大活动可以成为政府开展超常规模建设的动因，面临紧缩的宏观经济调控政策时，大规模建设和大规模拆迁均可利用事件的巨大外部需求投资建设。以上海世博会项目为例，预测的创纪录的200位以上的参展者和7000万人次的参观者规模，将迫使政府——政府也乐于——超前建成相当规模的基础设施，一般项目难以触及的钢铁厂和造船厂可借机拆迁。根据有关资料，世博会场地和建筑工程，即所谓主体工程建设达到了180亿元人民币，世博会园区的运营预算达到了106.8亿人民币[②]，同期全市世博会的配套基础设施建设，包括轨道交通、城市道路，交通枢纽、信息化管理、变电站等大型市政项目、机场等对外交通设施等，在3000亿元人民币以上；另一方面，世博会下游产业链延伸非常宽广和深远，几乎涉及了所有的现代服务业、制造业等等，世博会动迁、建设和运营三大任务的投资乘数远大于单一政府投资项目。世博会巨大的投资将刺激并带动一系列相关行业。

城市活动巨大的公共投资之中的绝大部分将转化为城市硬件设施，如交通设施的扩建，第二和第三产业之间的置换，城市空间的拓展，城市居住地的迁移，而城市硬件设施的改变最终将反映为城市空间结构演化的轨迹和趋势。

5　小结

本研究所指的"重大城市活动"具有政府主导、目标明确、影响深远的特点，丰富了政府对执政手段的需求。通过政府行为，重大城市活动可间接对城市空间结构的演化产生作用，特别是举办世博会、奥运会等重大城市活动对城市空间结构影响，将涉及城市的功能迁移、空间拓展、市中心集聚、产业结构调整、社会人口分布、交通结构等各个方面。建立在政府平台之上的重大城市事件，通过政府密集投入的政府资源和吸引的市场资金，将对城市产生非常快的影响，而且影响程度与投入规模成正比关系。

以上海世博会为例，世博会为上海市留下了"一轴四馆"、城市最佳实践区等物质财富，区位条件极佳的近3km² 的战略发展空间，近100hm² 的滨江公共绿地。在城市精神文化方面，通过184 天的文化盛会，7308 万参观者，数万规模的国外参展者和嘉宾，城市的全民参与和志愿者活动等，市民开拓了眼界、提高了素质，成倍提高了上海市的全球知名度和美誉度。

虽然中国城市政府已经积累了一定的举办城市活动的经验，能够积极引导和有效控制城市重大活动对城市发展的影响。但是同时需要特别指出的是，重大活动对城市影响力的时间跨度远超政府的主观认知，现在普遍存在着随着活动的闭幕，政府职能曾经在重大活动中的影响力也迅速消退的问题。该问题产生出一系列的衍生后果，如后续场馆和土地的低效利用问题，新生的文化氛围和城市精神的培育弘扬问题，重大城市活动的遗产（包括有形的物质遗产和无形的知识遗产等）的保护、总结和传承问题，以及最重要的如何将活动的影响转换为对城市长远发展的持续推动效应的问题。

在城市活动实施过程中，需要研究如何组织和控制以达到预期目的；另外仅为短期的事件投入巨大资源延伸出来的问题非常繁杂，在决策、组织、管理和调整城市资源为城市活动提供支撑的同时，如何充分利用城市活动实现城市结构调整和功能提升的问题，也需要进行研究和总结。

①　赵燕菁. 奥运会经济与北京空间结构调整. 城市规划，2002（8）.
②　上海世博会事务协调局. 中国2010年上海世博会注册报告.

参考文献

[1] 上海世博局 . 中国 2010 年上海世博会国际论坛文集 [C] . 上海译文出版社, 2004 .

[2] 上海世博会申办委员会 . 中国 2010 年上海世博会申办报告 [R] . 2002 .

[3] 上海世博局 . 中国 2010 年上海世博会注册报告 [R] . 2005 .

[4] 于涛方 . 城市竞争与竞争力 [M] . 南京: 东南大学出版社, 2004 .

[5] 上海世博局 . "世博会与上海新一轮发展" 大讨论专题汇编 [C], 2003 .

[6] 孙施文 . 世界博览会作为城市空间的解读 [J] . 城市规划汇刊, 2004 (5) .

[7] 赵燕菁 . 奥运会经济与北京空间结构调整 [J] . 城市规划, 2002 (8) .

[8] 易晓峰, 廖绮晶 . 重大事件: 提升城市竞争力的战略工具 [J] . 规划师, 2006 (7) .

[9] 吴志强, 干靓 . 世博会选址与城市空间发展 [J] . 城市规划学刊, 2005 (4) .

[10] (加) 克劳德·塞尔旺, (日) 竹田一平 . 国际级博览会影响研究 [M] . 魏家雨等译 . 上海科学技术文献出版社, 2003 .

[11] (美) 联合国人居署 . 全球化世界中的城市 [M] . 司然等译 . 北京: 中国建筑工业出版社, 2004 .

[12] (韩) 朴世直 . 我策划了汉城奥运会 [M] . 姜镕哲译 . 北京: 中信出版社, 2005 .

[13] John Allwood . The Great Exhibition 150 Years . Cassell & Collier Macmillan Publishers Ltd, 2001 .

URP 城乡规划
URBAN AND RURAL PLANNING

演进路径、作用机理及定位模型：
城市重大项目的分析视角
Evolution，Function Mechanism and Position Model：
the Perspective of Major Projects in the City

李昕

【摘要】重大项目已成为城市发展的重要景观和动力机制。在推动城市转型发展和价值实现等方面发挥着战略性作用。从管理学角度，城市规划作为公共政策范畴，重大项目引导城市发展的演进路径、作用机理不同于普通项目。这使得研究重大项目管理定位，并把它从城市管理层面和项目管理层面分离出来成为实践的必然。

【关键词】演进路径　作用机理　定位模型　重大项目

Abstract：Major projects have become the important phenomenon and the driving mechanism in the development process of Chinese cities. They undertake the strategic missions to realize the transition and achieve the value of the cities development. From the angles of management, taking urban planning as public policy, the evolution and function mechanism of the major projects are different from ordinary projects management and cities management. It is believed that major projects directed by government should abide by urban development value. So research on the position model is necessary.

Keywords：evolution, function mechanism, position model, major projects

自 1970 年代以来，各国普遍进行广泛自由化和市场化导向的改革。城市经营与城市营销的兴起，地方政府成为区域经济增长的主要责任者，推动地方 - 全球的直接链接，这使城市凸显全球网络节点地位，成为一个国家应对全球化的前沿阵地。"建设怎样的城市以及怎样建设城市"成为城市政府的重要议题。依托重大项目引导城市和谐发展成为城市研究者的关注领域。吴晨（2002）分析在西方城市发展中，大型工程一直贯穿始终，是实现城市经济、社会和实体环境空间重构的重要手段。无论是 1950 年代城市重建（Reconstruction）还是 1960 年代城市复苏（Revitalisation）；无论是 1970 年代城市更新（Renewal）还是 1980 年代城市再建（Redevelopment）以及 1990 年代城市复兴（Regeneration），大型工程都发挥了巨大作用。近年来，以世博会、奥运会等为代表的展会、文体类城市重大项目更是成为地方政府倚重的抓手，直接推动城市建设、经济增长、社会发展、形象推广等。重大项目不仅是城市活力的指示器，而且担当了城市活力的"调节器"，被誉为全球化竞争日益激烈过程中有力提升城市或国家竞争力的战略工具。快速城市化阶段，中国城市发展是多种外生强制性制度变迁力量与既存制度体系中内生力量冲突与协调的过程，即制度变迁外生力量的内生化过程（李昕，2005）。作为引导城市和谐长并形成优势生态位的有机整合力量，重大项目已成为中国城市发展转型与重构的普遍景观。研究其演进路径、作用机理及定位模型，对于城市科学发展，有着积极意义。

1　演进路径

探讨城市发展，存在建构理性（Constructivist Rationality）与演进理性（Ecological Rationality）两种认知模式。建构理性承认理性能力的至上性，认为社会发展可设定固定模式，或筛选最优制度框架；演进理性提出理

作者：李昕，同济大学副教授，城市规划博士

性的有限性，现存制度与秩序并非预设，而是由累积性发展逐渐形成。实践证明，演进理性与建构理性的分野逐步消融，融合趋势日益鲜明①。作为公共政策范畴，城市规划是规范市民社会行动的强制力量，体现对城市发展价值的思考。城市发展渐变和突变结合的过程，在于普遍规律的共性和特殊规律的个性的结合，在于最终目标的决定论与阶段目标的非决定论的结合。这是重大项目推动城市发展的理论基础。重大项目以城市发展价值作为实施目标和导向；同时又是提升城市发展能力和水平，实现城市和谐生长的有力推动力量。它体现三方面价值演进路径。

1.1 城市竞争导向

作为一般性存在的市场机制，通过竞争方式配置稀缺资源，其本质在于以物化的形式使生产社会化，精神交往全面化，从而实现人的社会化。市场机制是整合社会经济集体的重要力量，催生城市环境和运行机制的变化，也把城市纳入区域发展的普遍竞争格局之中。

竞争导向是重大项目促进城市和谐发展的重要推手②。客观上要求项目按照城市发展战略，从功能完善、价值实现出发，对资源进行集聚、重组和营运，实现资源在容量、结构、秩序和功能上的最优化，使城市在竞争格局中居于有利地位。尽管波特竞争理论认为，城市已由依靠自然资源、资本为特征的物质驱动转向以人才为特征的创新驱动，但强调资源基础上的竞争力形成机制仍占据重要地位。只是，这种竞争已不是简单你死我活的"零和游戏"（Ciampi，1999）。从对抗性竞争、宽容性竞争发展到合作性竞争，城市竞争优势在于发展潜力和应变能力的形成以及城市价值和发展能力的提升。

竞争导向体现两方面内涵：发展绩效上表现为经济增长、投资规模、居民收入；动态发展上表现为城市要素集聚能力和资源增值能力，对区域资源优化配置能力。在真实经济活动中，政府功能不是单一的（Tiebout，1956）。只要经济要素和资源在这些组织覆盖的不同社区自由流动，就会产生竞争，进而迫使政府为区域发展改进效率。原视作城市发展包袱的公共产品，包括基础教育、安全、法制、环境建设等，都是提高竞争力的内在要求，是政府赢得"用脚投票"③的关键。城市竞争力可以看作环境的函数。重大项目通过资源优先导向性流动，带动资源整体合理配置，完善城市生长路径，推动城市在竞争中取得积极态势。

1.2 城市扩展导向

城市化进程既是地域空间扩展，完善居民生产生活空间环境的必然需求，也是城市功能转变的内在要求。黄亚平（2002）指出城市功能转变的基本动因在于社会经济结构的转变及产业内部结构的变化。当前，生产性服务业和跨国公司的发展以及国际金融、商务活动成为推升城市经济增长的新要素。这种城市扩展力量表现在：①工业技术更新导致传统工业以及港口码头等代表性配套设施的衰败，高新技术产业结构特性使它向外围发展；②以高技术、高接触和高创造性为代表的高级服务业需要完善的服务设施，以CBD、会展中心、文化体育中心等为代表形成新的城市空间结构。这种扩展的冲动，既是重大项目应运而生的现实背景，也是引导项目植入城市地域空间生产与再生产的动力方式。

扩展导向下重大项目不仅是城市化物质空间拓展的增量，更是调和城市发展动态需求矛盾，调整城市空间结构和发展价值的爆发性动力。具体表现为渐进型扩展和跳跃型扩展。渐进型扩展指城市形态沿规划伸展轴方向，由内向外蔓延的扩展方式。跳跃型扩展则指在城市建成区外围

---

① 以诺斯为代表的建构理性派强调国家统治者为了自己收入最大化设计和选择产权形式，并认为道德规则、社会规范以及意识形态等可据此"决定"、"建立"；以哈耶克为代表的演进理性派强调自发的社会秩序是人们在社会交往中相互调试而生成并经由演进过程而扩展的，是适应性进化的结果。虽然建构理性长期居于主流，但经济人的现代模式也是融合演进理性观点的产物，而且行为经济学的兴起和演化博弈论的深入发展体现了演进理性的张力，这使得由分野走向融合的建构和演进理性成为现代经济学理性范式的分析基础。参见景玉琴.分野与融合：建构理性与演进理性［J］.江汉论坛，2006（12）.

② 和谐发展是竞争发展题中应有之义。处于跃升发展阶段的城市，需在较短时间集聚资源，弥补发展短板。但也需从和谐角度理解。对此，Leo和Erik（1999）认为城市竞争力取决于发展阶段，特别是"信息时代"，企业区位、地理条件不再决定性作用，除土地价格和空间可达性等传统因素外，生活质量、环境、文化服务水平和对知识的获取成为重要因素。《World City or Great City of the World》报告指出，有竞争力的城市体现在促进可持续发展的经济活力，不仅拥有丰富经济资本，而且拥有丰富人文、社会、文化和环境资本；政府与私人部门及第三方合作管理模式。吴志强从建构和谐城市角度，指出有高度竞争力的城市发展在于实现城市三大和谐纲领，即人与自然的环境和谐、人与人的社会和谐、历史与未来的时间和谐。见于涛方.城市竞争与竞争力［M］.南京：东南大学出版社，2004：26-30.

③ "用脚投票"指企业家和居民以实际行动对城市政府投票。如果城市经营得好，投资者愿意投资，居民愿意居住，城市政府赢得"票数"就上升；相反，投资环境和人居环境不好，投资者和居民就转向其他城市，这个城市"票数"则下降。"用脚投票"的投票活动是虚拟的，但对城市发展影响却是真实而强大的。

合适地段集中建设，并由此带动形成城市发展的新区域。熊国平（2006）研究中国城市形态演变历程，认为开发区是城市跳跃发展的主要载体，并按照开发区与城市距离，分为边缘跳跃（5km以内）、近郊跳跃（5~20km以内）和远郊跳跃（大于20km）。

扩展导向的重大项目并非局限传统空间美学和视觉效果，而是以"人 – 社会 – 环境"为核心的空间塑造过程。这使判断项目区域与城市对比关系、调整城市结构模式与重组、评价城市空间扩展绩效及政府选择政策决策行为成为重点。

1.3 城市更新导向

城市是一个历史积累过程。面对衰退期，适时进行城市更新是转型发展的重要调节手段。更新导向下，重大项目体现出遵从城市整体的有机性和变迁的历史规律，尊重区域文脉特征、现有格局及缺损因素，逐步完善城市肌理和发展价值。通过主动更新行为，完善、补充社会跃升发展的初始条件和后续条件，不断消解或弱化城市发展结构中滞后要素的牵制力，促使城市空间形态与功能结构协调，保持整体秩序和活力。

西方城市空间结构演变经历了多个阶段。20世纪八十年代以来，城市中心全面复兴，内城更新加强、郊区继续发展。随着产业结构从制造业为主导型以服务业为主导的转型，城市商务、娱乐、休闲功能日益突显。中心区域成为城市复兴的重要组成部分。政府投入大量资金改善基础设施等，也产生了积极的外部效应，有效减轻私人部门的投资风险和开发成本，使城市中心成为各种资本的重要投资场所。更新导向下的项目，推动城市空间（包括物质、社会、经济等）重构，使城市价值及发展功能得到发掘、调整与完善。

当然，大规模更新不必然带来城市发展正效应。它既可推动城市问题与矛盾逐步解决，整体环境和运行效率改善，也可能加剧问题和矛盾，阻碍运转效率，使城市发展质量恶化。"不能局限于清除旧城的弊病和缺陷，必须是建设性和具体的，与城市发展整体设想吻合……通过改建来争取将来新的增长点"[1]。突出表现在：①城市空间结构重建。重新审视城市定位和价值，有序更新。②适度疏解与功能重组。强调更新区与周边联动和可拓

展性，缓解区域内生活压力以及将更新区与城市整体功能提升联动考虑。③城市文脉与历史延续。兼顾实体更新改造与文脉延续，协调历史文化保护与城市发展需求，完善城市功能。

2 作用机理

作为公共政策调整范畴，城市重大项目在引导资源流动、物质空间调整、利益分配格局、社会文化融合等方面起到推动作用，是实现城市发展战略的重要导向源。重大项目与城市发展相融互动，并受城市管理价值理念和行为方式影响。具体而言，对城市发展总体水平的影响机理体现在四方面。

2.1 后果导向到原因导向的转变

根据问题与治理逻辑，城市管理分为后果导向模式和原因导向模式。后果导向中管理运行往往滞后于城市发展，治理代价大，而原因导向防患于未然的特征则是长效管理的保证（彭晓春、陈新庚等，2002）。城市管理与行政体系内在联系，这使得重大项目实施对城市管理模式存在路径依赖[2]。公共项目是解决城市问题的集成方案，同时也是从管理政策制度方面进行原因导向治理的有力抓手。

处于跃升发展阶段的城市，社会意识、经济水平构成的多样性，发展时序上的摆动性对规划提供多种可能性选择提出了更高要求。重大项目由后果导向向原因导向转变是政府追求城市发展价值、提高城市管理水平的客观要求和内在驱动力。重大项目对接城市发展战略，把城市问题的规避机制与城市发展的价值路径联系起来，形成有机互动的反馈体系。这种"系统进化思维方式"，在根本上区别于传统的"还原机械的思维方式"（表1）。由结果推知原因的系统进化思维方式是重大项目引导城市发展战略目标实现的要件。"系统的过程"是政府主动作为解决城市问题的控制机制，也成为项目适应环境变化动态调整的手段。

机械静态的思维方式与系统动态
的思维方式比较　　　　　　表1

机械静态思维方式	系统动态思维方式
寻找客观最优解决方案	为达总体目标不断努力

---

① ［德］G.阿尔伯斯.城市规划理论与实践概论［M］.吴唯佳译.北京：科学出版社，2000：216-217.
② 路径依赖由制度经济学家道格拉斯·诺斯提出，指某种发展轨迹一旦确立，此后一系列外在性、组织学习过程、主观模型都会加强这一轨迹。路径依赖被认为是理解长期经济变化的关键，即过去的选择决定现在的选择，沿着既定路径，经济和政治制度的变迁可能进入良性循环轨迹，亦可能沿原有错误路径发展，甚至锁定某种无效率状态。城市管理也是一样，思维方式决定管理行为，背后为管理制度模式所左右。

续表

机械静态思维方式	系统动态思维方式
详细预先规划，经常施加直接影响	确定相应边界条件，施加间接影响
集中式任务和能力分配；独裁型领导	分散式多层面任务和能力分配；参与型领导
认为能拥有足够的可靠信息	认为任何时候都不可能有充分的可靠信息
关注具体事务层面成本与效用的优化	有意识地提出不同阶段关键目标

改编自：金昊．过程管理在工程项目管理中应用的研究［D］．同济大学硕士论文，2004.

2.2 扩张导向到生长导向的转变

从战略管理理论而言，当强调发展与增长时，项目是主要手段；当强调生存和延续时，日常运营是主要手段；如同时强调生存与发展，项目和运营并重。长期以来，快速城市化形成扩张发展高潮。城市化地域规模、人口、经济总量等显性指标迅速提升，往往关注目标，而忽视过程的协调；关注项目带动城市发展表观结构的状态协调，而忽视城市子系统内在关联的系统功能协调。城市化特殊阶段和全球竞争态势以及欠完善的绩效考核方式，使得政府有依托重大项目推动城市扩张的冲力。这就容易引发城市单向粗放扩展，而外在空间形式与内在机能脱节。

区别于传统蓝图式城市规划理论，城市生长理论认为城市发展是连续过程，其结构、形态增长也是连续的。城市布局形态应保持阶段性完整和前后衔接相承关系，避免拼贴式规划。这完全有别于扩张，体现了生长的理念，展现城市作为有机体、生命体由小变大的过程，保持城市发展的合理、高效、可持续①。在发展价值和战略导向下，重大项目的实施过程就是基于空间布局形态调整和资源利用，突出发展能级提升，推动城市和谐生长的过程。扩张导向向生长导向的转型，强调在实施过程中完善城市结构、功能和价值，注重城市他组织行为与自组织行为的协调。生长导向在根本上是注重资源价值实现的内生式发展模式。这种和谐生长，并非绝对意义上排除人对城市的干扰，而是认识发展规律，把握地点、程度和时机，依托重大项目实施生长管理②，诱导和控制城市生长点，调控完善城市空间布局，实现可持续发展。

2.3 单向传导到多方反馈的转变

重大项目是复杂系统，既包括子系统（子项目），同时又是城市巨系统里的子系统。重大项目的实施流程中，涉及多方面行为主体和信息反馈渠道。从面向对象来说，可分为城市管理理念层、重大项目规划层和项目管理执行层。从面向事件来说，可分为并行性事件和纵贯性事件。重大项目引导城市生长是随时间变化的动态反馈过程，伴随多样的环境变化因素而影响控制的效能发挥。

城市系统的复杂性、重大项目实施过程中的环境变化（城市社会、经济、环境等；项目产品和服务质量体系；标准和法律规范要求；项目或城市竞争能力需求；项目实施主体状况；自然事件，如旱涝灾、流行疾病、恐怖暴力事件；新战略、政策规定变更；适应市场变化需求等外部环境变化以及人力资源；成本费用；项目进度；质量要求；技术条件；管理程序；管理人员个性等内部环境变化），容易导致项目实施约束边界变动，按照既定模式运行控制的传统单向传导不足以保证项目实施的可靠度。此外，重大项目参与环节或主体存在多方反馈回路，形成多重传导机制和反馈体系的需求，客观要求信息的多方传输和反馈，实现单向传导向多方反馈的转变。

关注项目变化因素，形成持续反馈改进过程，是重大项目多方反馈传导的核心。与此同时，城市发展战略改变、调整也会通过控制机制反向传导，重大项目实施途径、方式、具体要求就会相应变化，使其始终融入城市发展价值体系中，成为城市和谐生长点。这种互动反馈贯穿于城市—重大项目—子项目的纵向体系，也体现在每一层级间按事件（项目）运行流程（策划、设计、实施、运行管理和后续利用等）的控制反馈中。

2.4 单次控制到互动循环的转变

重大项目实施过程体现项目个体与城市整体有机生长的互动，是各组成子项目的集合。戚安邦通过研究项目集成管理，把项目的使命／愿景、战略管理、项目管理、营运管理构成一个组织全面集成管理模型（图1），认为：组织发展到一定程度必须根据日常运营和项目管理能力与内外条件确定自身使命、愿景和目标；然后依此制定发展战略、战略项目和具体项目并付诸实施；根据实施状况、综合绩效修订组织使命、愿景、目标，形成组织生命周期互动循环。

城市竞争背景下，代表各既得利益的不同经济主体对城市物质要素和空间资源优化配置的影响更加显著。而原

---

① 参考自http：//baike.baidu.com/view/2952938.htm。

② 生长管理源起于20世纪20年代，美国为控制大城市恶性膨胀，由商务部发表《城市规划和区划的标准法》，特别限制城市开发地点和类型。地方政府规定了必须进行基础设施建设的地域，在基础设施建设不充分的地方，不容许开发，即实施"成长限制"。80年代，结合实际情况，政府又改为在能够进行合适基础设施建设的地方，给予开发许可，这种对策被称为"生长管理"。本文不作为专有名词理解。

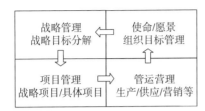

图 1 组织全面集成管理示意图

有行政单一主导资源分配方式下的规划控制和管理体系缺乏对新生因素的反馈渠道、机制和应变力。巴奈特在《作为公共政策的城市设计》中提到城市设计是复杂多变的、连续的政策过程和观点形成的过程。从公共政策形成属性来说，米尔布里·麦克拉夫林（Milbrey Mclaughlin, 1976）相互调适模型（Mutual Adaptation Model）指出，政策执行过程是执行组织和受影响者之间就目标手段作相互调适的互动过程，政策执行的有效性取决于二者间相互调适的程度。这种执行过程实现充分互动，并非静止或单次循环。这就决定了公共政策执行载体的重大项目由单次控制到互动循环转变的必然。对外界发展信息因子和内部执行信息状况的进行互动循环处理，其"连续性决策过程"是城市和谐生长、整体能力提升的重要形成机制，其核心在于遵循城市发展价值链。

传统线性单次反馈模式对城市体系认识的缺乏和对环境变化应变机制的缺位，使规划控制功能往往不适应城市发展的需要。实施重大项目推动城市发展，就是在历时性和共时性的比较中优化控制。其中，历时性比较实现过程趋优的目标和谐，共时性比较实现结构和谐和功能和谐。

3 定位模型

重大项目体现政府主导的城市管理要求，其价值指向城市发展战略和综合能力提升。具体项目作为基本要素单元，是城市发展初始保障性条件和累积继发性推动力。城市管理与项目管理相关理论是探索重大项目实施理论的基础。

3.1 城市管理的发展

从马科斯·韦伯（Max Weber）的"官僚制科层组织理论"到伍德罗·威尔逊（Woodrow Wilson）的"政治制度决策、行政制度执行"观点以及 F.J. 古德诺（Frank J.Goodnow）提出"政治与行政二分法"观点构成传统公共管理理论经典体系。韦伯模式与早期行政模式重大反差和最主要差别在于，它用以各种规定为基础的非人格化制度取代了人格化的行政[①]。它以理性法律的权威形式、金字塔式的严密等级、非人格化的组织制度以及政治中立的技术化官员等为特征，否定以忠于人为内核，建立以忠于物为要旨的现代官僚制度体系，迎合了工业社会化大生产和行政管理复杂化的客观需要。"将现代公职管理归并为各种规定深深触及到它的本质。现代公共行政的理论……认为，以发令形式来命令执行某种事务的权威——它已被合法地授予公共机关——并没有授予某机构在所有情况下通过指令管制某种事务的权力。它的职能是抽象地管制某种事务"（Gerth and Mills, 1970）。这种正式的、非人格化的体制根据客观考虑执行专门化职能的最大可能性，按照"可靠的规定"做出决策，而不是"考虑个人因素"。威尔逊观点主要有：从事政治者应负责制定政策，行政部门应负责执行政策等。政治与行政二分法使公共行政"显现为一个自觉的研究领域，在知识与制度上与政治有所不同"（Stillman, 1991）。它将职业化、专门技能和功绩制价值观引入现行政府事务管理，为公共活动的新标准提供了发展空间。

20 世纪末期，各国政府致力应对技术变革、全球化和国际竞争，注重规制约束和操作程序的传统管理模式因应变乏力等缺陷饱受诟病。公共行政僵化、等级制的官僚制组织形式正转变为公共管理弹性、以市场为基础的形式。这不仅是形式上的变革或管理风格的变化，而是政府社会角色及政府与公民关系方面进行的改革。这种变革思想就是新公共管理（Hood, 1991; Hughes, 1994）。

在管理职能上，新公共管理强调对自身行政组织的管理，并将管理的焦点由传统公共行政的"内部取向"转变为"外部取向"，由重视政府机构、过程和程序转到重视项目、结果与绩效。传统公共管理把政府界定为"划桨"，是社会公共产品的提供者。新公共管理强调政府"掌舵"的角色，是公共产品质量和数量的控制者。角色的转变，使政府对公共事务管理更加注重宏观决策，对经济、社会和自然和谐发展起到催化作用。在管理主体上，传统公共管理主体局限于政府官僚机构，新公共管理强调多元性，

---

① 韦伯认为，存在三种类型权威："魅力型"——领导人的吸引力；"传统型"——诸如部落酋长的权威；"理性/法律型"。前两种较多体现非理性的和超出法律、规定范围的人格化权威，而后者则基于理性和法律之上的非人格化权威，效率最高。根据理性/法律权威思想，韦伯确定现代官僚制体系六项原则：1.根据各类法律、行政规章和规定为基础确立固定和法定管理范围原则；2.公职等级制和权力等级化原则；3.公职管理建立在保存书面文件（档案）基础之上；4.全面而专门的训练；5.公职发展到完善程度，要求官员完全发挥工作能力；6.公职管理遵循一般性规定，或多或少是稳定的、全面的，并且是可学习的。

参与对象包括社会公众、企业、非营利组织和非政府组织等不同利益群体。在管理手段上，传统公共管理遵循严格的层级制。新公共管理采用私营部门战略规划、目标管理、绩效管理、人力资源开发等管理方法和竞争机制，摆脱传统"行政没有战略的意义，没有优化资源去达到目标的概念，丧失了对外界热点的关注而盲目执行命令，忘了对于公共组织来说还有更大目的和整体目标"[1]的羁绊。

新公共管理突显公共管理部门对组织战略和绩效的重视。这种绩效既包括政府提供公共服务和社会管理的"产出"绩效，又包括政府行使职能的"过程"绩效。这一思想指导下的城市管理，提高了城市发展综合效益和整体水平。传统以数据衡量运行状况的工具理性，忽视了把公共管理目标放在公共伦理的脉络中考察，追寻价值理性反映了政府对发展绩效的注重，形成延续公共管理变革的动力。值得指出的是，新公共管理思想发展，城市管理实践中城市营销正向城市治理转变。二者相比较，城市营销注重政府自上而下支配、控制及主导，城市治理则强调政府职能的稀释和政府组织的精干以及利益相关者的参与。城市治理主张地方分权和伙伴制及多重治理，决定了城市管理决策过程的复杂性，使不同利益主体间的联盟、合作、妥协和协商成为利益实现的重要方式。

3.2 项目管理的发展

项目管理思想起源于20世纪50年代。以美国阿波罗登月计划、海军"北极星"计划等为代表的一批大型国防和军事项目的实施，客观上要求对规模大、参与层面复杂、协调难度高的项目组织和实施过程进行控制，由此引发传统经验管理逐渐演化为现代科学项目管理。这种变化主要体现在：管理思想转变（系统理论成为管理理论基础，从系统论角度出发，研究系统各要素、子系统关系以及系统内外部环境间关系）；管理技术转变（模型、计算机技术与管理者经验、决策结合，定性与定量分析结合）；项目管理组织转变（以人为本，开放系统模式，以制度建设规范组织运作，确定的组织功能和目标，组织效率大大提高）。

社会发展推动项目管理环境不断变化，随着发展理念的深化，新的项目组织方式以及分析技术的介入，使得对项目管理理论的探讨也在不断深入。自产生至今，项目管理已经历四个阶段——从第一代项目管理已逐步演变到第

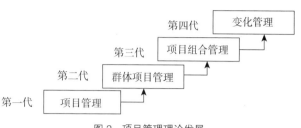

图2　项目管理理论发展

三代、第四代管理（丁士昭，2002）（图2）。项目管理是在有限资源约束下，运用系统观点、方法和理论，对项目涉及工作进行有效管理。它按照预设目标，依据既定工程规范，把时间、成本、质量、范围和风险等数量指标作为项目参数，从项目决策到项目动用全过程进行计划、组织、协调和控制。项目管理涉及对象一般是单个具体项目或过程，目标系统比较单一。从技术角度，"三控制两管理一协调"（质量控制、成本控制、时间控制，信息管理、合同管理，组织协调）是项目管理的核心内容。

传统项目管理基于泰勒科学管理理论，强调分工、集权，把生长过程离散成若干可控制并可验证的单独子过程，由于实施部门间缺乏必要交往，因而影响整个生产有效进展（卢勇，2004）。分析PMI项目管理职能认识，可看出实施过程的缺陷使项目管理应用受限[2]。随着理论的发展，项目组合管理、变化管理等成为研究热点。但总体来说，项目间关系分散，缺乏总体价值层面的考虑。

项目管理引入工程建设领域，推动完善了重大项目的建设管理机制。当然，作为公共政策范畴的城市重大项目，不完全等同单纯技术意义上的项目管理。它体现出对城市发展战略、群体项目协调管理和具体项目管理过程的关注。

3.3 重大项目管理的空间定位

重大项目包括子项目群，又从属城市巨系统，是连接城市与个体项目（子项目）的纽带。重大项目管理具有城市管理和项目管理的双重特性。宏观上，关注城市发展价值，管理目标具有城市管理的空间特性；微观上，关注项目实施效果，管理方法具有项目管理的技术特点。但在广度、内容、涉及对象、具体要求和复杂程度上与城市管理及项目管理有明显区别。重大项目管理是在一定约束条件下，按照发展战略，依托子项目进行过程控制，实现城市发展价值提升（表2）。

---

① ［澳］欧文·E·休斯.公共管理导论［M］.北京：中国人民大学出版社，2001：102。

② 金昊总结过程管理存在四方面的缺陷：（1）大型项目的项目管理准备期受传统职能分工影响期限长；（2）建设过程缺少有机整合，部门自行其是，在各自工作中存在许多非增值或冗余的工作流，降低工作效率；（3）缺少沟通协调，各部门信息、数据无法共享，形成信息孤岛；（4）组织缺少灵活性。

战略管理、重大项目管理、项目管理区别　表2

战略管理	重大项目管理	项目管理
宏观	中观	微观
复杂	复杂	简单
非日常	定期	日常
整个组织范围	整个组织范围	专业操作、经营
重要事情	重要事情和常规事情的衡量	常规事情
重大变化	小范围变化与重大变化的衡量	小范围变化
以环境或期望为动力	基于资源的环境或期望为动力	以资源为动力

重大项目管理在于传统意义上关注项目内部取向（do thing right）到项目外部取向（do right thing）的变化。外部环境变迁、政府行为模式变化、城市竞争博弈、项目利益调整等因素影响项目实施结果。这些因素是项目管理不能控制的——传统项目管理任务执行导向不能确保预期结果——涉及组织内外部因素变动及项目实施与城市发展的价值判断。项目管理是项目过程的实施理论，对质量、投资、进度以及合同、信息等有较为明确的定量控制手段、保证措施，其管理体系表现为较规范的事务性控制过程。重大项目对过程、控制标准关注，还对结果、控制价值关注，价值导向使项目实施结果成为具有优先序的问题。重大项目与城市价值互动，使其管理领域不单纯是技术标准问题。作为城市公共政策范畴，它研究竞争、拓展和更新模式下，推动城市和谐生长的控制机制。

长期以来，管理研究分成宏观和微观两支主线。其一，沿袭官僚导向为特征的传统行政管理思想，到市场导向为特征的新公共管理思想，直接推动形成城市管理理论。其

核心是强调城市管理的战略思维、绩效观念等。其二，由军事领域项目组织实践形成项目管理理论，并推动大型工程项目管理理论的成熟。其核心是强调项目成本、质量、进度等控制技术。这两条主线关注管理的不同方面，形成不同应用空间。一般说来，城市管理偏重城市发展价值，对目标实现过程关注较少；项目管理偏重项目实施目标，对价值实现互动过程关注不足。相较城市管理（宏观空间）和项目管理（微观空间）理论，探讨重大项目管理理论较为缺乏。重大项目的特殊属性使其兼顾城市管理的价值需求和项目管理的目标需求，综合了具体项目目标技术路线的集成与城市发展价值实现路径的优化。作为中观层面，重大项目管理与城市管理、项目管理相异，是传统城市管理理论与项目管理理论适用空间分离延展的结果，形成管理应用空间的漂移思想（图3）。

4　城市重大项目的实例分析

实施重大项目过程中，调动城市多方面资源和相关利益者积极性，是城市综合实力和发展能级提升的抓手。作为重要决策者和实施者的城市政府，依托重大项目在城市公共政策中资源配置的干预和导向机制，充分挖掘其演进路径和作用机理内涵，寻找合适的定位切入点，对城市转型与重构起到战略推动作用。集中表现在：把突破长期困扰城市的补缺性发展、应对城市时代的完善性发展和谋划全球城市网络体系中的引领性发展结合，切合了城市发展的战略性需求。2010年上海世博会和西班牙毕尔巴鄂古根海姆博物馆，是依托重大项目推进城市经济社会发展的经典示范，对所在城市产生了并仍将产生深远而积极的影响。

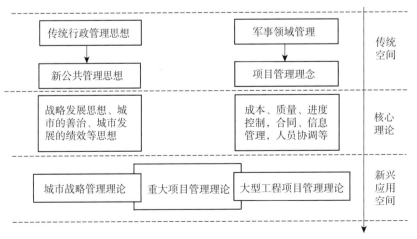

图3　管理空间应用的漂移思想

4.1 2010 年上海世博会

2010 年 10 月 31 日落下帷幕的上海世博会标志着一个时代的开始，标志着上海进入了一个后世博时代，一个可持续发展的城市时代（郑时龄，2010）。

世博会选址不仅影响会展参观的便捷性，而且牵涉到会展期间的功能发挥以及展后引导城市空间整体功能发挥。2010 年上海世博会的选址过程就是梳理厘清城市发展理念的过程，从初始郊区改为黄浦江滨江老工业带，就是基于上海城市发展的不足：城市空间错位，需要跨越浦江的空间缝合推进单中心向多中心发展；功能水准不高，需要相应空间承载发展战略；都市意向分散，需要连贯的文化脉络和相通的空间脉络提升都市整体形象（图 4）。世博园选址对浦江岸线开发带动明显，成为早在 2002 年上海既已确定并付诸实施的浦江两岸开发战略的重要节点。

世博园区规划用地范围 5.28km²，其中浦东园区 3.93km²，浦西园区 1.35km²；围栏区域（门票区域）范围约 3.28km²，世博配套区域约 2km²。经过七年筹备，于 2010 年 5 月 1 日至 10 月 31 日期间成功举办。上海世博会以"城市，让生活更美好"（Better City, Better Life）为主题，总投资达 450 亿人民币，创造了世博会史上最大规模纪录，超过 7300 万的参观人数创下历届世博之最[①]。

举办世博会，使其成为推动城市整体空间调整和城市发展转型的重要契机（图 5、图 6）。在改善城市基础设施和建设环境、促进经济发展和产业转型、推进社会文化事业发展、提升国际大都市形象、推动长三角一体化协作等方面收效显著。在城市空间和环境方面，将受污染并布满工厂、仓库、码头的滨江工业地带转化为城市公共开放空间，推动上海迈向可持续发展和宜居城市。世博会带来对城市发展的新共识——不同于快速城市化过程中的硬质城市化，而是增强对更注重软质的、以文化为主导的再城市化的认识。在这一过程中，更加注重城市生态和环境品质，

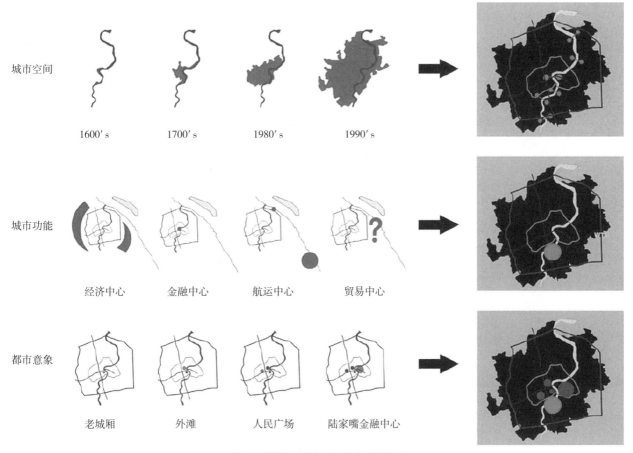

图 4　世博会定位与城市发展互动理念
资料来源：上海世博会事务协调局，上海市城乡建设和交通委员会，2010[29]

① 引自http://baike.baidu.com/view/123125.htm。

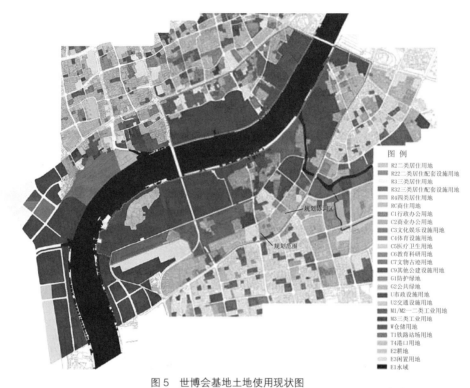

图例
- R2二类居住用地
- R22二类居住配套设施用地
- R3三类居住用地
- R32三类居住配套设施用地
- R4四类居住用地
- RC商住用地
- C1行政办公用地
- C2商业办公用地
- C3文化娱乐设施用地
- C4体育设施用地
- C5医疗卫生用地
- C6教育科研用地
- C7文物古迹用地
- C9其他公建设施用地
- G1防护绿地
- G2公共绿地
- U市政设施用地
- U2交通设施用地
- M1/M2一二类工业用地
- M3三类工业用地
- W仓储用地
- T1铁路站场用地
- T4港口用地
- E2耕地
- E3闲置用地
- E1水域

图5　世博会基地土地使用现状图
资料来源：上海世博会事务协调局，上海市城乡建设和交通委员会，2010[29]

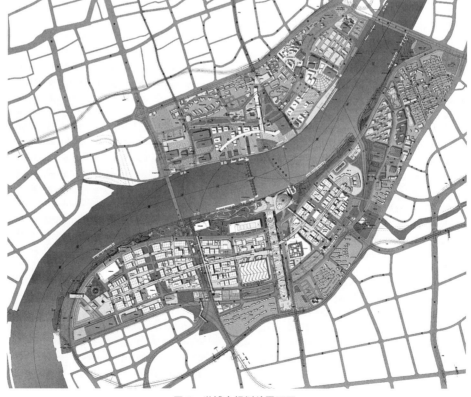

图6　世博会规划总平面图
资料来源：上海世博会事务协调局，上海市城乡建设和交通委员会，2010[29]

完善基础设施和公共服务体系，提高市民生活质量；更加注重城乡的和谐发展；更加注重城市空间和产业分布重组，实现城乡发展的互动和平衡；更加注重文化社会事业的发展，使文化成为城市发展的动力和城市经济的组成部分；更加注重城市产业结构调整，提升产业能级，实现创新驱动，转型发展；更加注重发挥长三角区域龙头城市地位和国际大都市功能，与周边地区协调发展，保持城市的综合竞争力。世博前后对比，世博会带来的变化，不仅在城市基础设施和城市空间面貌，更在于城市发展理念及城市发展实力和综合水平。

世博会后，园区保留场馆可持续利用成为城市发展空间转型与重构的新契机。世博会中国馆和城市未来馆分别改建成中华艺术宫、上海当代艺术馆，均实现对外开放。东南亚和大洋洲国家馆、国际组织馆片区，将发展成为环境宜人、交通便捷、低碳环保、具有活力的知名企业总部聚集区和国际一流商务街区，成为促进上海城市功能转型和中心城区功能深化提升的重要载体。其他相关片区的可持续利用策略也在按照既定规划有序推进中。

4.2　西班牙毕尔巴鄂古根海姆博物馆

毕尔巴鄂古根海姆博物馆有着"一个博物馆救了一座城市"的美誉。

毕尔巴鄂始建于 1300 年，最初是渔业和五金业为主的市镇。15 世纪西班牙称雄海上时，成为重要海港城市，随后日渐走向衰落。19 世纪，因出产铁矿而重新振兴，成为钢铁、造船工业为主的重工业基地。20 世纪中叶再次衰落。1983 年，一场突如其来的洪灾淹没老城区，使城市发展雪上加霜，举步维艰。

如何复兴城市？多方问计后，市政府决定调整经济结构重塑城市，试图从重工业转向服务业、通讯业和旅游产业。重要契机就是市政府与纽约古根海姆基金会达成协议，在毕尔巴鄂建立一座博物馆，以吸引欧洲众多艺术爱好者。政府牵头为这个重大项目斥资 1.357 亿美元并邀请建筑大师弗兰克·盖里主持设计。古根海姆博物馆一举提升了城市的文化品位，使毕尔巴鄂一夜之间成为欧洲家喻户晓的旅游热点城市。1997 年落成开馆第一年，就吸引 136 万人次（原来每年 26 万人次左右）来这个人口仅 35 万的小城参观，不久飙升到 400 万人次，其中 84% 的人是冲博物馆而来，由博物馆所带来相关收入占财政收入 20% 以上[1]。在调整城市空间布局和整体风貌的同时，市政府邀请多位知名建筑师设计城市建筑。先后建设了卡拉特拉瓦的机场和人行桥桥、矶崎新的塔楼、福斯特的地铁系统等（图 7）。走进毕尔巴鄂，俨然步入城市建筑博物馆。虽然投入高昂，但古根海姆博物馆催生效果与附带规模效应极佳，由此形成城市发展产业链，激发城市活力。之前饱受工业衰退、老城破旧、污染严重困扰的城市，因为古根海姆成功转型，就此走向重振道路，成为欧洲生活、旅游、投资条件最好的城市之一。

当然，毕尔巴鄂的城市革命不仅限于一项标志性的建筑，而是一系列饱含智慧的改造措施。在当地政府主导推动下，整个城市在经历深刻变革：对纳尔温河沿岸老城区进行有计划的大刀阔斧的改造，拓宽街道，完善街区生活，重新规划交通系统并修建完善的公共交通体系；拆除或者改造原有老工业厂房，改变用途为新型酒店和现代服务业办公楼；修缮历史建筑，与古根海姆博物馆配套修建各种专题博物馆、特色博物馆及各种文化、教育、娱乐设施……直至现今，河沿岸废旧码头的改造建设仍在不断完善中。

5　结语

城市化进程中，政府是城市化战略的制定者、城市化制度的供给者、城市化进程的引导者以及城市化绩效的评定者。全球城市竞争加剧，政府依托重大项目引导城市发展，已成为新景观、新实践和新趋势。重大项目占用资源广泛，牵涉利益相关方复杂，实施持续时间长久，经济社会影响深远等特性受到广泛关注。它对城市规划实施的演进路径、对城市经济社会发展水平提升的作用机理以及对城市发展的战略性推动机制也成为新的研究课题。全面科学认识并定位城市重大项目，将极大地促进城市规划水平并完善城市整体发展状况，是城市公共政策执行的重要内涵。城市重大项目新实践既有别于单纯个体项目管理模式，也对传统城市管理方式提出了挑战，成为促使城市管理发生深刻变化的动力。由此，变化的城市管理模式迫切呼唤重大项目成为引导宏观目标到具体方式的控制性因素。理论的力量在于指导实践。重新审视城市重大项目，对其再认识和再定位，存在探索构建城市重大项目管理的特色理论空间。在理论范畴，不仅是项目管理理论的提升，也是城市管理理论的深化；在实践范畴，不仅是项目实施的内在要求，也是城市发展战略和价值体现的必然要求。这对当前政府引导构建和谐城市的规划实践来说，具有现实而急迫的意义。

---

① 　相关数字引自王彝伟. 一个博物馆救了一座城市［N］. 联合时报，2012-08-14.

1 盖里古根海姆博物馆　　2 福斯特地铁站
3 卡拉特拉瓦人行桥　　　4 矶崎新塔楼
5 卡拉特拉瓦机场

图7　毕尔巴鄂城市标志性建筑

参考文献

[1] Max Weber, *The Theory of Social and Economic Organization* [M], Free Press, 1947.

[2] Woodrow Wilson, The Study of Administration [J], *Political Science Quarterly*, Vol.2.

[3] 袁吉富等著 . 社会发展的代价 [M] . 北京: 北京大学出版社, 2004.

[4] 马彦琳, 刘建平 . 现代城市管理学 [M] . 北京: 科学出版社, 2003.

[5] 景玉琴 . 分野与融合: 建构理性与演进理性 [J] . 江汉论坛, 2006 (12) .

[6] 李德华 . 城市规划原理 [M] . 北京: 中国建筑工业出版社, 2001.

[7] 赵和生 . 城市规划与城市发展 [M] . 南京: 东南大学出版社, 1999.

[8] 李翅 . 走向理性之城——快速城市化进程中的城市新区发展与增长调控 [M] . 北京: 中国建筑工业出版社, 2006.

[9] [德] G. 阿尔伯斯 . 城市规划理论与实践概论 [M] . 吴唯佳译 . 北京: 科学出版社, 2000.

[10] 于涛方 . 城市竞争与竞争力 [M] . 南京: 东南大学出版社, 2004.

[11] 熊国平 . 当代中国城市形态演变 [M] . 北京: 中国建筑工业出版社, 2006.

[12] 世界银行 .1997 年世界发展报告: 变革世界中的政府 [M] . 北京: 中国财政经济出版社, 1999.

[13] [澳] 欧文 · E · 休斯 . 公共管理导论 [M] . 北京: 中国人民大学出版社, 2001.

[14] 李昕 . 中国城市规划制度化历史发展的内在逻辑——关于中国城市规划制度发展史的思考 [J] . 城市规划学刊, 2005 (2) .

[15] 陈浩、张京祥、宋伟轩.空间植入:大事件对城市社会空间演化的影响研究——以昆明为例[J].城市发展研究.2010(2).

[16] 彭晓春等.城市生长管理与城市生态规划[J].中国人口、资源与环境,2002(4).

[17] 吴唯佳.21世纪城市:可持续发展面临的挑战[J].国外城市规划,2001(1).

[18] 唐子来.西方城市空间结构研究的理论和方法[J].城市规划汇刊,1997(6).

[19] 戚安邦.论组织使命、战略、项目和运营的全面集成管理[J].企业管理,2004(3).

[20] 金广君,林姚宇.论我国城市规划学科的独立化倾向[J].城市规划,2004(2).

[21] 谷荣.中国城市化的政府主导因素分析[J].现代城市研究.2006,Vol3.

[22] 李昕.城市重大项目中的价值链模式[J].城市规划学刊,2007(3).

[23] 李昕.价值链模式下城市战略性项目的实施[J].城市问题,2008(8).

[24] 李昕,陈鸿惠.城市管理中的政府权能变迁[J].城市管理,2006(3).

[25] 李昕.战略性项目推动城市生长控制体系的研究[J].规划师,2007(1).

[26] 李世伟.我国大项目带动型城市更新探析[D].清华大学硕士论文,2004.

[27] 金昊.过程管理在工程项目管理中应用的研究[D].同济大学硕士论文,2004.

[28] 吴志强,干靓.世博会选址与城市空间发展[J].城市规划学刊,2005(4).

[29] 上海世博会事务协调局,上海市城乡建设和交通委员会.上海世博会规划[M].上海:上海科学技术出版社,2010.5.

[30] 郑时龄.2010年世博会的启示[J].时代建筑,2011(1).

[31] 蒋昕捷.一个博物馆救了一座城市[N].中国青年报.2010—08—04.

[32] 王彝伟.一个博物馆救了一座城市[N].联合时报.2012—08—14.

节事活动规划与城市转型①
Festival & Special Event Planning and City Transformation

吴必虎　舒华

translated to Human Settlements Cities, Modern Service Industry Cities, and Tourist Destination Cities. For a long time, in the fields of city orientation, spatial structure, land use, traffic planning and urban management, urban planning usually pays little attention and response to FSE. Coping with this situation, the article analyzes the relationship between urban planning and FSE, expounds related problems of them.

Keywords: urban planning, planning for festival & special event, city transformation

【摘要】中国城市正处于关键的转型时期，由传统的能源、工矿业、制造业、商业城市逐步转向现代服务业为主导的多功能城市，在此过程中必须寻找新的、多元化的城市化动力。节事活动作为一类城市经济活动、城市旅游吸引物、市民文化生活形式，是城市发展的活跃、有效的动力，在促进工业型城市向人居型、现代服务业、旅游目的地城市的转变过程中发挥了重大作用。但是长期以来，城市规划在城市定位、空间结构、土地利用、交通导引、城市管理等领域，对城市节事活动一直重视不够，相应的规划响应也就多有欠缺。本文针对这一情况，对中国城市转型中城市规划与节事活动规划之间的关系和相关问题进行了分析和阐述。

【关键词】城市规划　节事活动规划　城市转型

Abstract: Chinese cities are now in a key period of transformation which translated these traditional energy cities, industrial & mining cities, manufacturing cities, commercial cities to multifunctional cites which dominated by modern service industry. New diversity urbanization power should be found. As a kind of economic activities, tourism attractions, citizen culture and lifestyle, Festival & Special Event (FSE) is the most active and effective power in urban development, FSE plays an important role to promote these Industrial Cities

1 引言

节事活动（Festival & Special Event, FSE）是一个首先由西方学者提出的组合式概念，即节日（festival）和特殊事件（special event）的统称[1]。具体来说，节事是以某一地区的地方特性、文脉和发展战略为基础举办的一系列活动或事件，形式包括节日、庆典、展览会、交易会、博览会、会议，以及各种文化、体育等具有特色的活动[2]。近年来，由于奥运会、世博会、亚运会、园博会等一系列重大城市节事活动在中国各大城市的频繁举办，中国的节事活动及其相关研究空前繁荣。在讨论和研究城市节事活动相关问题时，不同学科的学者们经常还会使用到"重大活动"、"城市事件"、"特殊事件"、"节庆"、"会展"等概念。总体来说，这些概念互有重复，含义及覆盖面略有不同，城市规划学者经常讨论的"重大活动"可以视为城市节事活动的一种。值得强调的是，本文作者理解的"节事活动"并不仅仅包括级别高、名声大、影响范围广的诸如奥运会、世博会之类的国际性节事活动，同时也包括所有对一座城市或城市区域的发展产生某些影响的普通节事活动。目前

作者：吴必虎，北京大学旅游研究与规划中心主任，北京大学城市与环境学院城市与区域规划系教授，博士生导师
　　　舒华，北京大学城市与环境学院城市与区域规划系硕士研究生
　　① 本文照片皆由吴必虎拍摄。

学界关注的多是第一类节事活动，对第二类节事活动的讨论和研究较少。

节事活动作为一种短时间内积聚、协调各种城市资源和力量的手段，已经被视为城市发展的战略性工具，对于发达国家而言，它是实现城市复兴以及城市更新的重要手段；对于发展中国家而言，它是提升城市竞争力和知名度，实现城市跨越式发展的重大契机。当前的中国，正处于快速城市化时期，城市建设空前繁荣，城市竞争空前激烈，与经济发展转型相呼应，中国的城市化也处在了重要的转型时期。21世纪的城市竞争，物质资源的竞争退居次要地位，文化、科技、人才等无形资源的竞争上升到主导地位。中国城市要想在国际城市竞争中取得一席之地，在学习、重走欧美主导的工业城市化道路之外，尚需探索具有东方特色的新型城市化途径。要实现从工业型城市到人居型城市的转型，节事活动是一个重要契机（图1~图3）。节事活动能否成为城市发展转型时期的推动力？它能在城市转型过程中扮演怎样的角色？如何规划和引导一系列的节事

活动实现城市的跨越式发展？城市规划对此如何响应？是本文将要探讨的一系列问题。

2 城市转型：从生产型城市到人居型城市

2.1 重新审视工业化主导下的城市化

18世纪中叶开始于英国的工业革命，常常被视为世界城市化的开端，"从此世界从农业社会开始迈入工业社会，从乡村化时代开始进入城镇化时代"[3]。从一开始，城市化就被打上了强烈的工业化烙印，城市开始以追求生产和资本的积累而存在。一大批工业城市随着工业化的推进而崛起，资源和人口以前所未有的速度在城市集中，创造了前所未有的物质财富，极大地促进了科学技术的进步和人类社会的发展。与此同时，环境污染严重、城市无序蔓延、居住环境恶劣、基础设施短缺等城市问题也伴随着工业城市化而来；人们对工业城市的极度不满，催生了一系列的城市改造运动，作为人居环境的城

图1 2008北京奥运会为城市留下了丰富的遗产

图2 北京奥运会的火炬点燃了北京人对未来的激情

图3 2010上海世博会大大改善了园区附近区域的交通设施与服务

市重新受到重视。然而，工业城市化的模式已经被奉为城市化的经典模式，不断地被后起的发展中国家所效仿，学习西方搞工业、走城市化道路成为20世纪全球政治、经济格局的主旋律。发达国家犯过的错误仍旧在世界各地的城市上演，在工业化的挟持下，城市沦为简单的生产工具，城市居民为消费所绑架，追逐资本和利益成为城市的主要目标，城市的居住、交通、游憩功能仅仅作为生产功能的附庸而存在。

总结历史经验，可以看到：工业型城市化在过去一百多年来对人类社会的发展和人类文明的进步起到了显著的促进作用，对于食物增产、人口健康、生活便利、国际交流等进步事业做出了不可磨灭的贡献。但是，另一方面，工业化、特别是以欧洲和北美为代表的工业化基础上的城市化模式，由于历史背景、权力结构、全球市场和政治地图的巨大变化，那种资源掠夺、劳动力迁移、市场占有和金融控制的条件已经不可能再度重现，欧美人的人均高消费资源环境的水平也不可能在全球普遍维持，世界其他地区、包括中国在内的城市化途径，就很难模仿或重走西方发达国家走过的道路。与欧美国家经历过的工业化道路相比，中国只能在更为严峻的资源环境约束条件下实现工业和城市的可持续发展[4]。传统的工业主导的单一城市化模式难以为继，寻找新的城市化动力，推动多元的城市化模式，已经成为发展中国家面临的严峻挑战。

2.2 世界城市转型：人居城市与旅游目的地城市

城市转型就是城市发展进程及发展方向的重大变化、重大转折，就是城市发展道路及发展模式的大变革[5]。城市转型往往伴随着各个国家的经济转型和社会转型展开，全球范围内，伦敦、巴黎、纽约、东京、芝加哥、新加坡等城市都在自身发展的道路上经历过城市转型的历程。虽然不同时期、不同国家，同一国家不同城市转型的目标往往不尽相同，但总的趋势是城市朝着关注人的需求的人本主义方向发展。21世纪的城市转型是在环境危机、能源枯竭、人口爆炸、经济危机、全球化、信息化飞速发展等背景下进行的。生态城市、智慧城市、文化城市、集约城市成为当今城市转型的基本趋势[6]。"创建"、"打造"、"新建"这几类城市的口号也在中国大大小小的城市被喊出，大多数情况下，它们只是作为搭台的工具，真正唱戏的还是GDP。多元的目标决定了转型驱动力的多元化，面对新的目标，曾经占垄断地位的工业化显得力不从心，高新技术、文化产业、创意产业、旅游业、行政力量等成为新的城市转型驱动力。

城市节事活动作为转型的驱动力之一，在传统工业城市向文化创意城市的转型中扮演着重要角色：1885年的万国工业博览会之于伦敦，1983年的世界园艺博览会之于慕尼黑，1992年的奥运会之于巴塞罗那（图4），1997年开馆的古根海姆博物馆之于毕尔巴鄂……层出不穷的实例证明着：只要善于利用，节事活动完全可以成为城市成功转型的主导驱动力。

综合上述城市转型趋势，不难发现，当今世界的著名城市，尤其是工业化结束的后现代城市都在向着人居型城市和旅游目的地型城市两大方向发展。

根据吴良镛院士的阐释[7]，"人居环境"首先是人类聚居生活的地方，是人类在大自然中赖以生存的基地；人居环境的核心是"人"，人类建设人居环境的目的是要满足"人类聚居"的需要。"人居型城市"就是把发展最佳人居环境，改善人类居住区的社会、经济、环境质量作为城市发展的根本目标。城市作为人类高度聚集的地理空间，其存在的基本目的就是为居住在其中的人类提供优良的居住环境，这些基本常识在工业化泛滥的城市中曾被完全淹没。如今大多数城市仍然没能意识到这一点，城市化被视为目的本身，忘记了发展城市的最

图4 1992巴塞罗那奥运会会址已经成为城市最受欢迎的旅游区之一

终目的是实现城市中的人的全面发展。当代城市面对来自资源、环境、人口的压力，要实现从生产型城市到人居型城市的转变，实非易事，对于后进的发展中国家更是如此。任何以发展为名义、牺牲大多数人以及后世子孙利益为特征的城市发展道路，已经到了需要断然喝止的时候了。城市之所以比乡村具有更大的吸引力，除了能够为城市居民提供更多的发展机会，优良的居住环境外，最根本原因在于它是文化的聚集地。诚如芒福德所言："城市是文化的容器"，丰富的城市文化构成了城市最根本的吸引力。

作为"旅游目的地型城市"，是指城市不仅仅是旅游客源产生地，更重要的是应该将其建设成为具有吸引力的休闲度假目的地。那些成功向旅游目的地转型的城市，无一不是本身就拥有深厚文化底蕴的城市，它们曾经的衰落是片面追求工业化、盲目强调经济发展的结果，如今的复兴则是建立在对自身文化的重新发现和发展的基础上的。只有城市本身发展好了，才能吸引外来游客，游客的到来反过来又可以促进城市的发展。发展旅游目的地城市，一定不要忘记城市发展的最终目的，吸引游客不是最终目的，城市的发展，当地居民的发展才是最终目的。

总之，以发展现代服务业为主导，综合各类产业发展，向人居型城市和旅游目的地城市转型的趋势是不可逆的世界城市发展一个潮流。

2.3 中国的城市化及城市转型

改革开放30多年来，中国的城市化取得了惊人成就。城市化率由1978年的17.3%上升到2010年的49.68%（第六次人口普查数据），城市人口很快就要超过农村人口，中国城市化已进入快速发展的"城市化中期"阶段；形成了环渤海、长三角、珠三角、闽东南沿海四个巨型城市密集区；城市基础设施建设水平逐年提高；城市面貌发生根本变化。但是应该看到，这些变化是以许多国人、特别是农民的利益牺牲为条件的，他们的牺牲奉献成就了中国今天的繁荣。我们不难发现，牺牲农村促进城市、牺牲个人壮大国家是30多年来中国经济增长的主要方式。然而，以数字增长为目的的发展是不可持续的，盲目追求速度、重量轻质的发展模式带来的社会冲突等众多问题已经无法回避。

"十二五"时期是中国城市化持续推进和健康发展的关键时期，我国的政治、经济结构、社会、居民生活方式已经进入转型时期，我国快速城市化正面临着严峻的现实问题和政策困境，国家"十二五规划"中明确提出："优化格局，促进区域协调发展和城镇化健康发展"、"积极稳妥推进城镇化"，要实现这样的目标，我国的城市化必须

转型，从注重量的增长到注重质的发展，从注重经济数字的增长到以关注人的发展为核心。

3 节事活动：作为城市转型的一个动力

3.1 城市发展动力多元化

过去很长一段时间里，来自工业化的拉力和来自乡村的推力被视为城市化主要的驱动力，随着全球化时代的来临，城市化的驱动力开始多元化，越来越多的学者撰文指出了这一点。顾朝林在回顾了城市化的国际研究后指出，无论是在发达国家还是发展中国家，世界城市化在最近40年其动力机制都发生了实实在在的变化，世界城市化的快速发展与经济全球化、产业结构中的服务业快速增长两个过程交叉相关[8]。仇保兴针对中国的城市化指出，在现阶段我国城市化的主要推动力虽然仍然来自于工业化，但也伴随着机动化和全球化，中国城市的可持续发展，与紧凑度和多样性理念息息相关[9]。宁越敏从政府、企业、个人三个城市化主体的角度分析了1990年代中国城市化的动力机制和特点，认为当前中国正出现新城市化趋势，即多元城市化动力替代以往一元或二元城市化动力[10]。陈明星、陆大道等通过一定的技术手段研究发现，1981~2006年间，中国城市化动力因子呈现多元化特征，市场力是最主要的驱动力，后面依次是内源力、行政力和外向力。从城市化发展阶段上看，市场力、外向力和行政力对城市化综合水平的影响呈上升趋势，而内源力呈明显下降趋势[11]。

中国自然地理上的三大阶梯、南北环境上的纬度分带、多民族的文化多样性，这种资源环境与社会文化的不同，造成了中国城市的千差万别，城市发展不平衡显著，这样的现实条件更加决定了中国的城市化不能搞"一刀切"，需要培育和发展多种动力。

3.2 节事活动对城市发展的影响

常态情况下，城市的发展是一个渐进式的、缓慢的过程，节事活动是一种非常态，大型的节事活动能在短时间内积聚大量的人力、物力、财力和关注度，对于城市而言，是一股强大的新鲜动力，这股动力可以突破城市发展的惰性和惯性，对城市的空间结构、社会结构、甚至未来发展方向产生重大的影响。具体来说，这种影响主要表现在如下几个方面：

（1）成为新城建设和旧城改造的契机

承办奥运会、世博会这类世界性盛大节事，需要兴建专门的园区以及大量的场馆设施。这些园区需要一定的用地规模，在活动举行期间，会成为具有强大吸引力的城市

磁体，带动周边、甚至整个城市的发展。因此，历届承办城市都会在选址上大下工夫，使其与城市总体发展目标相结合。以世博会为例：在法国巴黎先后举办的5次世博会就对城区向西发展产生了决定性的影响；1992年塞维利亚世博会则全面改善了区域交通基础设施，推动安达卢亚区域和塞维利亚城市的现代化进程，使世博会计划成为外围新城市中心发展计划的组成部分。还有一些城市利用重大节事活动的选址机会，改造城市的衰败区、工业区、废弃区，例如1939~1940年纽约世博会展区利用城市边缘的垃圾场整治而成，经过1964~1965年第二次举办世博会后，逐渐成为风景宜人的城市公园[12]；2010年的上海世博会选址在黄浦江两岸，将两岸的工厂用地腾出，借机还珍贵的城市滨水空间于当地市民（图5、图6）。

图5 城市节庆活动的重要性已经受到市长们的关注：2003年中国市长协会在贵州铜仁召开中国城市节庆研讨会

图6 2010年中华文化促进会在西安召开七节论坛

（2）促进和完善城市基础设施建设

节事活动的举办需要建设和完善与其相配套的城市基础设施，这些基础设施成为节事之后，留给举办城市最大的物质遗产，包括传统意义上的公路、铁路、地铁、港口、机场等交通设施以及城市通讯系统、能源动力系统、防灾避灾系统、环保设施、住房储备，教、科、文、卫机构和

设施等。这些基础设施不仅提高当地居民的生活质量，更成为吸引外来游客、外来资本、人才的重要因素。以北京为例，为筹办2008年奥运会，七年间北京的城市总体建设投资，包括城市的基础设施、能源交通、水资源和城市环境建设，高达2800亿元人民币。在交通方面的改善包括北京市道路承载能力和通行力的提升，以及新建的机场航站楼、四通八达的城市轨道交通和快速公交系统等。在城市环境方面，北京奥运会实施了358个"绿色奥运"项目，包括69项新能源项目、168项建筑节能项目以及121项水资源项目[13]。以奥运为契机，北京的基础设施建设水平大大提升，因奥运而改造兴建的文化、教育、娱乐设施成为北京新的文化器官，为北京成为国际化的世界都市打下良好基础。

（3）树立城市形象，提升城市知名度

节事活动在这个眼球经济时代，为城市争取到了更多的出镜率，城市借助节事活动，通过媒体宣传自己，成为城市目的地营销的重要手段。当今的城市宣传，就像娱乐圈的明星表演，你方唱罢我登场，但一两次演出并不是主要目的，通过这些演出带来的持久的知名度才是最终目的。城市通过节事活动，将自己新的形象传播出去，提升知名度，能够吸引更多的到访者和外来投资商的进入。"城市们"总是在不断策划着、制造着一个个大的、更大的事件，因为市长们也认识到了用几个吸引眼球的房子打造了几张名片还不够，还要制造事件，制造把名片发出去的机会[14]。一些城市就是因为它承办的节事而为世人所知的，它们的名字永远和那些著名节事联系在了一起：就像戛纳电影节之于法国戛纳，博鳌亚洲论坛之于海南博鳌，达沃斯经济论坛之于瑞士达沃斯。

（4）增加就业岗位，促进城市经济发展

围绕大型节事的投资与运营无疑能创造大量的就业岗位。这不仅包括那些与节事组织本身有关的就业岗位（如当举办事件需要建设大量基础设施时，在建筑业内创造的就业岗位），还包括因大量游客的增加而在旅游业、零售业等服务行业创造出来的就业岗位。亚特兰大从1990年成功申办奥运会开始到1996年春，在与奥运相关的项目上总共投入了20亿美元，其结果是1991~1997年该区域共创造了58000多个新的就业岗位[15]。与节事活动有关的就业岗位，多是来自服务行业的，这些就业岗位的增加响应了现代城市的产业结构转型，即由工业主导逐渐转向服务业、高新技术行业。节事活动在城市经济的发展中起到的作用是多方面的，既能来自节事本身及其相关行业，也能来自节事后的旅游及外来投资。但要强调的是：节事活动也可能给城市经济带来重大负担，巨额的城市建设投资以及节事后场馆的维护费用，常常给一些举办城市带来沉重的财政负担和债务危机，使得城市的经济一蹶不振，2000年的雅典奥运会就是一例。合理规划，做好财政预算，避免攀比，集约化地建设经营节事，才能够使其成为城市经济发展的推动器，而不是制动闸。

（5）影响城市文化，提升市民意识

无论是东方还是西方的城市，传统节事都是其文化中极为重要的组成部分，如果说城市是文化的容器，那么根植于城市文化中的节事活动，就是这个容器中最有活力的一部分。现代的城市节事活动，不少是外来的，看似与城市的历史文化无关，但在其发展和进入城市的过程中，必然要融入当地文化；同时节事强烈的对外开放性，使得主办城市产生强烈的自我意识，带来当地文化的自我发现，促使其在对外交流中挖掘自身文化的独特性，通过举办大型赛事，主办城市将自己的文化底蕴和所取得的卓越文化成就展示在世人面前；通过游人的耳濡目染和新闻媒体的连篇报导宣传，主办地的城市文化得以迅速向外扩展，为世人所知。

无论是自下而上的自发性传统节事，还是自上而下的政府主导的现代节事活动，市民的参与都是必不可少的环节，否则节事活动只会沦为空洞的政府行为与商业作秀。市民参与到节事活动中来，有利于市民意识、社区自豪感、地方认同感的提升。中国城市转型关键的基础就在于公民社会的培育，这是一个长期的过程，节事活动中的市民参与应当成为这个过程中的重要一环。

3.3 国内外城市节事推动发展案例分析

国内外有不少利用节事活动实现城市成功转型的例子，值得借鉴。下述几例可以略加分析，其对中国城市节事规划的发展，具有示范作用。

3.3.1 节事推动下的城市转型：慕尼黑

慕尼黑是德国巴伐利亚州的首府，德国第三大城市，位于德国南部阿尔卑斯山北麓的伊萨尔河畔，与奥地利、意大利交界。今天的慕尼黑，是德国主要的经济、文化、科技和交通中心之一，重要的会展和旅游目的地城市，也是欧洲最繁荣的城市之一。这座在12世纪形成的历史文化名城拥有优良的城市规划传统，第二次世界大战之后，慕尼黑70%旧城遭到严重破坏，它的规划师们按照战前形式修复了几乎所有的重要城市建筑，在旧城内设计、新建城市开放空间，保留了慕尼黑的城市格局和古城风貌。1960年代，慕尼黑的城市经济进入迅猛发展时期，旧城保护面临商业经济的强烈挑战[16]。城市化的加速，居民住宅缺乏，工业和商业用地的强烈需求，使得大量的传统建筑被拆，城市环境恶化，失业率增加，各种矛盾加剧。在这样的背景下，德国联邦政府作出了慕尼黑申办第20

届奥林匹克运动会的重大决定，为了筹办1972年的奥运会，慕尼黑的城市建设开始由以经济发展为导向转向改善城市人居环境为目标。当时的奥运会场选在了距市中心4km的奥伯维森区，一处占地约300hm^{2}的废弃机场上，通过举办奥运会，加速了城市北部地区高效的城市轨道交通网络建设[17]，成功地带动城市北部欠发达地区的发展以及新城的建设，缓解了之前的城市空间矛盾，成功开启了慕尼黑的城市转型之路：开始由工业导向的城市转向高新服务业、商业会展、旅游目的地城市发展。随后，慕尼黑又先后承办了三次重大节事活动，带动了城市规划的发展实施：1983年的国际园林展带动了旧城西部地区废弃地更新和开放空间的改善；2005年的联邦园林展促进了东部旧机场区Riem新城区开放空间体系的完善和新区形象的提升；2006年的世界杯主赛场引导了北部城市外围边缘地区的良性发展[17]。

这一系列节事的意义不仅仅在于改善举办城市的人居环境，更重要是的这些节事活动影响了城市产业结构、繁荣了城市文化、确立了城市的发展方向。如今的慕尼黑，每年要举行20多场会展博览，十月的慕尼黑啤酒节更是吸引成千上万的来自着世界各地的游客。

3.3.2 毕尔巴鄂与古根海姆

毕尔巴鄂位于西班牙北部大西洋海岸，是巴斯克邦（Basque）比斯开（Biscay）地区首府，城市坐落在山谷地带和纳文河（Nervion River）的河口，城市沿河线性展开，是西班牙最大的港口城市。毕尔巴鄂市始建于1300年，因优良的港口而逐渐兴盛，造船业发达，在西班牙称雄海上的年代曾是其重要的海港城市。由于铁矿资源丰富，19世纪在工业革命的推动下，毕尔巴鄂发展成为西班牙北部重要的钢铁与船业运输城市，其钢铁工业甚至可与匹兹堡媲美。这一期间，城市经济飞速发展，大量移民涌入，但高度的工业化同时也带来了环境的破坏、城市居住条件的恶化。1975年开始，伴随着制造业的危机，毕尔巴鄂遭遇了高达25%的失业率，70000居民远走他乡，城市进入了衰落时期。进入1980年代，城市的主管机构开始尝试调整经济结构，企图从重工业转向服务业、电讯业、旅游产业，将毕尔巴鄂打造成未来商务中心，由于天灾（1983年的一场洪水其旧城区严重摧毁）和人祸（1990年代初恐怖主义的猖獗），这一计划并未能实现，这座后工业城市失去了它昔日的活力，整个城市的命运到了一个非常关键的转折点[18]。在这样的背景下，古根海姆基金会向毕尔巴鄂伸出了橄榄枝，纽约所罗门古根汉姆艺术博物馆决定将其分馆设立在毕尔巴鄂，这与当地政府的以文化产业复兴城市的计划一拍即合，历时6年建造，1997年，由著名建筑师弗兰克·盖里（Frank O. Gehry）主持设计新的古根海姆博物馆正式对外开放，在之后的一年里，这座"如盛开的郁金花一般"的建筑物吸引了约 136 万游客，超过整个城市的人口，截至 2000 年，博物馆三年中带来的游客已经达到 400 多万人次，经济收入达 4.55 亿美元；1997 年以来创造了 126723 个工作机会，是整个 1980 年代的十倍；第三产业比重明显提高，完成了产业结构升级，政府税收从 1990 年代中期开始大幅度增长，超过 40 亿欧元（2006 年），是 1990 年代中期的两倍。

毕尔巴鄂的复兴，表面上看是由古根海姆博物馆这座现代建筑带来的，背后的力量其实来自文化产业，文化建筑只有和长期性的文化活动结合起来，才能对城市的发展产生长远的影响。毕尔巴鄂要想成为真正的创意之都，必须培育和发展长期的、有影响力的城市节事活动与其物质环境相配套。

3.3.3 洛阳牡丹花会

洛阳位于河南省西部，是中国著名古都，拥有五千年文明史，四千余年建城史，自夏朝开始有 13 个王朝在此定都，以洛阳为中心的河洛地区是中华文明的发源地，有着源远流长的悠久历史。洛阳牡丹花会始于 1983 年，如今已经成功举办 30 届，是目前最有影响力的中国本土节事活动之一。1982 年，牡丹被定为洛阳市市花，洛阳市人大常委会决定在每年的 4 月 15 日到 4 月 25 日举办洛阳牡丹花会，洛阳用了不到一年的时间，改造建设四个园区、十个庭院、三条道路供节事使用，1983 年，第一届洛阳牡丹花会顺利开幕，盛况空前，展示了二十多万株牡丹，接待了来自各地的游客 250 万人次。至此，每年的牡丹花会节都吸引来数百万的中外游客。2011 年，洛阳牡丹花会升级为国家级节会，改名为"中国洛阳牡丹文化节"。2012 年 4 月 5 日到 5 月 5 日，第 30 届中国洛阳牡丹文化节在洛阳举办，还在上海和北京分别设立了分会场。在洛阳有洛阳国家牡丹园、隋唐城遗址植物园、中国国花园、西苑公园等分布在城市各处的十座主要园区作为活动场所，接待了来自世界各地的游客 1965 万人次。经过 30 多年的经营，洛阳牡丹花会已经从举办初期单纯的文化娱乐节会逐步发展成为融赏花观灯、旅游观光、经济贸易、对外交流和文化体育活动为一体的大型综合性经济文化盛会，深刻影响了洛阳的文化产业，成为洛阳最重要的节事活动（图 7、图 8）。

洛阳牡丹花会的成功，在于它深厚的文化基础和群众基础，自古洛阳人就对牡丹情有独钟，种植观赏牡丹的传统源远流长，武则天贬牡丹至洛阳的故事也早已深入人心。1983 年的第一届洛阳牡丹花会的顺利召开就是一个因势利导的结果，因为拥有足够的基础，才会在那样一个宣传

图 7　洛阳牡丹已经成为城市品牌的不可分离的部分：白马寺附近的神州牡丹园

图 8　洛阳牡丹已经成为城市品牌的不可分离的部分：洛阳中国国花园

力度不大、对文化产业普遍不重视的年代获得那样大的成功。30 多年的牡丹花会的举办历史，使得洛阳在 1980、1990 年代全国大搞工业开发的年代，同时重视了文化服务设施的建设，为洛阳的城市转型打下了良好基础。

3.3.4 都江堰放水节

都江堰市位于四川省中部成都平原西北边沿，地处岷江上游和中游结合部的岷江出山口，因著名的"都江堰"水利工程而得名。公元前 256 年李冰治理岷江，修筑都江堰水利工程，彻底根治了岷江水患，使成都平原成为"天府天国"。"都江堰清明放水节"是一项传承了一千多年的民间习俗，它源自都江堰的"岁修"制度，为了保证都江堰水利系统的历久不衰，自汉代以来，每到冬天枯水季节，在渠首用特有的"杩槎截流法"筑成临时围堰，修外江时拦水入内江，修内江时拦水入外江，清明节内江灌区需水春灌，便在渠道举行隆重又热闹的仪式，拆除拦河杩槎，放水入灌渠，这个仪式就叫"开水"。北宋太平兴国三年（公元 978 年）正式由官方将清明节这一天定为"放水节"，

并举行盛大的祭祀活动，既"祀水"又"祀李冰"，既乞求天佑丰年又彰显当朝盛世[19]。此后，放水节逐渐成为川西民众最隆重的节日，一年一度，世代相传，其盛况尤胜春节。1950年的清明节举行了新中国成立后的首次"放水节"。1957年之后，都江堰岁修措施改进，修建了电动钢制闸门，可以随时启闭，以往的"放水仪式"也就不再举行。1990年在都江堰市政府决议下，恢复了这项延续千年的传统节事。如今新的放水节已经走过20多个年头，除了传统的祭祀仪式、砍杩槎放水大典外，还有一系列的民俗文化活动、清明商贸、投促、惠民活动等，已经成为都江堰地区最具影响力的节事活动之一。

都江堰放水节的独特性在于它拥有坚实的群众基础，获得广泛的公众参与，摆脱了中国节事活动常见的"官方唱独角戏"的尴尬局面。每年的祭祀大典的演员都是从都江堰灌区招募的本地居民，砍杩槎的刀斧手也是真正的经验丰富的岷江船工，广泛的群众参与让今天的都江堰人记住了自己的传统，延续着对水、对祖先、对自然的崇敬，而这些正是当前中国城市居民中最缺乏的。1990年开始恢复放水节也是都江堰走出工业和经济挂帅的一个标志。都江堰放水节虽然是一个地方性的节事活动，其影响力远不如奥运会、世博会这些国际性的节事活动，但这类地方性节事对于一个地区的文化、经济、社会发展起着至关重要的作用；也是这类城市得以摆脱"千城一貌"困境的主要手段；这类蕴涵丰厚传统文化和地方精神的节事活动其实更值得学者们发掘和研究。

3.3.5 小结

从上面的几个案例不难看出，节事活动作为一股有效的动力，确实能够在促进工业型城市向人居型、现代服务业、旅游目的地城市的转变过程中发挥重大作用。对于慕尼黑、毕尔巴鄂这些后工业时代的城市而言，节事成为了城市复兴的催化剂。因为大型节事筹办兴建的一大批博物馆、体育馆、画廊、音乐厅、会议中心、公共绿地等城市基础设施，成为了城市新的文化媒体；加上为了增加这些设施的可达性而完善的城市交通系统，以及网络时代媒体强大的城市营销策略，这些地区重新吸引关注，获得人气。不过，光有这些文化器官还不够，真正使这些文化器官运行起来的是有吸引力的节事活动。慕尼黑相对毕尔巴鄂更加具有竞争力，就在于它有一些列深入人心、影响极大的节事活动，来使那些城市的文化器官健康运行。节事活动不是一种常态，也没有必要成为常态，它真正的价值在于：通过节事活动，使得文化艺术体育娱乐活动深入人心，在节事结束后，城市的居民将对这些活动的热爱贯穿到日常生活当中，在忙碌的工作之余，也不忘记去到博物馆、体育馆、画廊、音乐厅、公园绿地中享受丰富多彩的城市生

活，让休闲成为市民的生活态度。

对于中国而言，在讨论城市节事活动时，我们不能笼统地用一个发展中国家来概括，更不能简单地提倡所有城市都大搞节事活动。须知由于中国地理环境、政治、文化、经济等因素差异很大，城市化发展极不平衡，不同城市的发展阶段和方式相差显著：中国已经有相当一部分城市出现了后工业时代城市的特征，有不少城市拥有朝着国际化大都市发展的潜力，更有一大批工业化不久的中小城镇，以及一大批本不适合走工业化道路却硬往这条路上奔的城市。与工业化一样，中国城市对于节事活动的态度也是一拥而上，不顾自身资源禀赋，盲目地跟风造节，仅2009年一年，全国各地举办的（能在网上查到的）各类节庆活动就有965个[20]，其中高品质的节事活动并不多，案例分析中的洛阳牡丹花卉节算是其中的佼佼者，30届长盛不衰的举办历史证明着它的魅力，只有拥有城市物质和文化基础的节事才能有这样的生命力。中国的城市，应当务实地为自身发展定位，清醒地认识自身所处的发展阶段，在适宜的时机，适宜的地点利用城市节事这种新的城市动力。节事活动的发生是因势利导的结果（都江堰放水节就是很好的一例），而非强行制造产生的，只有将节事规划与城市规划结合起来，才能利用好这种新的动力，实现城市的跨越式发展。

4 节事活动规划与城市规划的相互响应

4.1 重新明确节事活动的综合价值，突破唯商业论

中国的节事活动，多是在"文化搭台，经济唱戏"的背景下举办的，节事被异化为获取经济利益的工具，其他方面的价值得不到重视。本来地方政府利用节事活动发展城市经济的初衷无可厚非，但这种泛滥模式下造出来的节事活动，既没有文化内涵，也收不到预期的经济效益。从前文的分析可以知道，节事活动对于城市的价值是多方面的，其最根本的价值在于能够为城市提供强大的磁场，吸引人群聚集，这种聚集不仅仅是节事期间的短暂聚集，而是节事效益扩散后，整座城市作为一个磁体，拥有持续吸引居民和到访者的力量。这就要求对节事活动根植于城市本土文化，发展地方性的节事活动（例如上文提到的都江堰放水节），即使是奥运会、世博会这样的国际性盛会，也需要本土化的融入，而非官方唱独角戏。让节事活动与居民生活息息相关，让节事活动所凝聚的城市文化扩散到居民的日常生活当中，将节事活动视为一种城市文化手段，而非经济手段，才能突破唯商业论，实现节事活动的综合价值。

4.2 准确定位，因势利导

诚如前文强调的那样，目前并不是每座城市都适合大搞节事运动，不同的城市应根据自身的资源禀赋和发展阶段对自己进行准确定位，务实地设置城市节事规划的目标，根据这一目标，冷静思考当前城市是否适合大力发展节事活动。利用节事活动进行城市转型，也是在需要转型时才可应用。前文提到的"盲目造节"的城市正是没有认识清楚一点。不过，这并不是说经济不发达城市就不适合搞节事活动，恰恰是那些传统文化保持较好，受全球化冲击较小的中小城镇中还存有更多的传统节事活动的因素，因势利导，鼓励此种节事活动的发展，才是节事规划的关键。所以说节事活动不是凭空规划出来的，而是重新发现传统，逐步恢复或者引导发展而来的。

4.3 鼓励培育自下而上的节事活动

从目前中国已有的节事活动来看，大多都是以政府主导的自上而下的模式开展的，不少节事活动缺乏必要的群众基础和文化基础，市民只是抱着一种看热闹的态度，很少主动参与到其中，光靠行政力量和商业力量支持的节事活动是不可持续的。中国是一个地域文化差异较大的国家，各个地区和不同民族都有自己传统的节事活动，例如汉民族的祭天、祭祖、祭孔等祭祀活动；云南傣族的泼水节（图9）；广西壮族三月三民歌节；云南彝族、白族、纳西族等民族的火把节；以及习见于民间的赶集、庙会等活动，这些节事活动多是具有悠久的历史，是民间自发的，自下而上的，有着丰富的文化内涵和群众基础。不同类型的城市，应该根据自身的文化和历史，培育发展此类节事活动。对于城市规划而言，需要为这些传统节事的现代化提供适应的交通和空间支持，利用现代化的信息手段，宣传和挖掘节事文化，促进市民参与。对于那些外来的国际性的大型节事活动，要广泛发动市民参与，承办之初，征求市民

建议；节事之中，鼓励市民作为经营者或志愿者参与活动；节事之后，向市民开放场馆、展区等物质空间，使其变为吸引市民的城市公共开放空间。

4.4 以节事活动催生城市文化器官

伴随着重大的节事活动，往往超前兴建大量博物馆、体育馆、画廊、音乐厅、会议中心、公共绿地等城市基础设施，场馆的会后利用是每座承办城市无法回避的话题，利用不当的，会造成巨大浪费，成为城市沉重的财政负担。如果一座城市，光有博物馆，没有人参观；光有音乐厅，没有多少人懂得欣赏；光有画廊，没有多少懂艺术的人；光有体育馆，没有多少热爱运动，使用体育馆的人……一切物质设施都会成为摆设，最终走向衰败。这些城市文化器官，需要有人的活动来带动，才能健康运转起来。因此，一座城市的文化设施建设水平应该与其需求相适应，但是，一定程度的超前建设，是可以促进城市文化的发育的。大型节事活动建设的场馆，在使用之后，需要一系列的市民活动使其继续运转，利用这些场馆，针对市民需要，规划一系列适宜的节事活动，有利于市民文化的培育，使这些城市文化器官真正运转起来，成为新的城市磁体。

4.5 推进节事活动与城市建设的相互响应

节事活动作为城市发展的新动力，需要与城市建设目标相适应。在城市规划的编制过程中，有必要重新审视这种动力的重要性，将其纳入规划体系之中。一方面，节事活动可以作为某些新区与衰落区的活化剂，在物质空间建设完善后，增加空间活力；另一方面，城市建设需要在人们喜爱的聚集点，节事活动可能或者正在发生的地方（例如一些传统的集市、庙会区域），完善其基础设施建设，增加其交通可达性，修复和新建一些必要公共设施，促进和培育节事活动的形成，扩大其影响力。

图9 西双版纳傣族泼水节已经被舞台化，成为吸引游客的一种狂欢活动

特别值得指出的是，在如今这个信息化如此发达的社会，利用智慧城市的建设机遇，自下而上复兴城市文化成为可能。试想当每个人都能够通过城市信息网络，找到志同道合之人，个人和小团体发起的活动也能够得到来自城市各处的人群的响应，最终以丰富多样的人文景观的形式展现出来的时候，城市文化可以呈现怎样一种活跃状态。

4.6 提升规划师业务水平，应对机遇与挑战

由于中国正处在关键的社会转型时期，越来越多的城市都走到了发展的转折点上，许多城市需要重新为自身定位，寻找新的城市发展动力，推动多元的城市化模式。21世纪是一个大变革的世纪，各种历史上出现过的、未出现的问题都在中国城市中上演，这确实是"一个最好的时代，也是一个最坏的时代"，一个充满机遇和挑战的时代。如今的规划师们要对应这些机遇和挑战，就需要打破曾经的思维定势，提高自身的理论水平、职业修养，扩宽视野，联系更广泛的相关学科，利用各种机遇应对中国城市转型，而节事规划的市场需求与运营管理，正是规划师们不曾碰见的机遇之一。

5 结语

面对中国城市转型这个重大课题，城市规划研究界和政府规划管理部门，需要认真对待城市节事的规划发展问题。城市节事作为转型时期的城市发展动力之一，有效地推动了中国工业型城市向人居型、现代服务业、旅游目的地城市的转型。总结经验，利用好这股新鲜动力，对于中国的城市化意义重大。

参考文献
[1] 戴光全，保继刚. 西方事件及事件旅游研究的概念、内容、方法与启发（上）[J]. 旅游学刊，2003，18（5）：26-24.
[2] 余青，吴必虎等. 中国城市节事活动的开发与管理 [J]. 地理研究，2004，23（5）：845-855.
[3] 周一星. 城市地理学 [M]. 北京：商务印书馆，2007：77.
[4] 金碚. 资源与环境约束下的中国工业发展 [J]. 中国工业经济，2005（4）：5-14.
[5] 侯百镇. 转型与城市发展 [J]. 规划广角，2005，21（2）：67-73.
[6] 张飞相，陈敬良. 国外城市转型的趋势及经验借鉴 [J]. 公共管理，2011（5）：137-139.
[7] 吴良镛. 人居环境科学的探索 [J]. 规划师，2001，17（6）：5-8.
[8] 顾朝林. 城市化的国际研究 [J]. 城市规划，2003，27（6）：19-23.
[9] 仇保兴. 紧凑度和多样性：我国城市可持续发展的核心理念 [J]. 城市规划，2006（11）：18-24.
[10] 宁越敏. 新城市化进程：90年代中国城市化动力机制和特点探讨 [J]. 地理学报，1998，53（5）：470-477.
[11] 陈明星，陆大道，张华. 中国城市化水平的综合测度及其动力因子分析 [J]. 地理学报，2009，64（4）：387-398.
[12] 吴志强，干靓. 世博会选址与城市空间发展 [J]. 城市规划学刊，2005，158（4）：10-15.
[13] 于海波，吴必虎，卿前龙. 重大事件对旅游目的地影响研究——以奥运会对北京的影响为例 [J]. 中国园林，2008（11）：22-25.
[14] 曹晓昕. 大事件与城市未来发展的思索 [J]. 城市建筑，2010（2）：7.
[15] 彭涛. 大型节事对城市发展的影响 [J]. 规划师，2006，178（6）：5-8.
[16] 吴唯佳. 德国慕尼黑的城市建设 [J]. 国外城市规划，1995（4）：37-44.
[17] 郑曦，孙晓春. 解析"城市事件"作为城市发展与环境景观建设的助推力：以德国城市慕尼黑为例 [J]. 国际城市规划，2007（5）：91-96.
[18] 王丽君. 文化建筑：城市复兴的引擎 [J]. 华中建筑，2007，25（6）：12-14.
[19] 玫影. 都江堰放水节 [J]. 西南航空，2006，106（11）：86-87.
[20] 王春雷，梁圣蓉. 2009中国节庆产业发展年度报告 [M]. 天津：天津大学出版社，2010.

亚运影响下的广州城市空间结构优化与旧城历史文化保护

Urban Structure Optimization and the Preservation of Historical Culture of Old City in Guangzhou under the Influence of the 2010 Asian Games

刘斌　何深静

【摘要】亚运会作为国际性的大事件，对城市发展有着巨大的推动作用。这尤其体现在对大规模城市建设与开发的促进、对城市更新活动的进程与政策制定的影响以及对城市空间结构布局的调整与重塑等方面。为满足举办亚运会的需要以及城市长远发展的双重目标，广州制定了亚运规划。借助亚运建设带动城市空间发展战略的快速实施，实现城市发展空间的快速拓展与结构的优化，以及在此基础上的城市功能合理布局，将亚运会转化为影响城市发展的长效动力。同时，城市空间结构的调整以及功能的分散为以保护为主的旧城更新理念的转变与实施带来了可能。通过减少对老城区空间的挤占，缓解了由于旧城更新与历史文化保护之间的冲突造成的对传统风貌的破坏，为旧城历史文化保护带来了新的契机。

【关键词】城市空间结构　旧城更新　历史文化保护　亚运会　广州

Abstract: As an international mega-event, the Asian Games usually greatly promote the development of the host city. This mainly manifests in the facilitation of large-scale urban construction and development, positive impact on the progress and policy making of urban renewal, and impact on urban structure adjustment and reconfiguration. In order to meet the needs to host a successful Asian Games and promote long-term urban development, Guangzhou has made a series of plans relating to Asian Games. Through these plans and the influence of the Asian Games, the urban spatial development Strategy of Guangzhou was carried out swiftly, and the spatial structure of Guangzhou was expanded and optimized. In the meantime, urban functions were distributed rationally. By so doing, the catalytic effect of the Asian Games is transformed into a long-term driving force. Meanwhile, urban structure optimization and rational urban function redistribution make the historical preservation-oriented old city renewal possible. Through reducing the intrusion into the old city, the contradiction between old city renewal and historical culture preservation is relieved, and brings a new opportunity to old city renewal.

Keywords: urban spatial structure, urban renewal, historical and cultural preservation, the Asian Games, Guangzhou

1 引言

在全球化的浪潮中，城市陷入了全方位的竞争。大事件成为城市提升自身竞争力，实现其战略目标的重要工具。众多城市都希望通过举办或制造大事件，尤其是像奥运会、亚运会等这样的大型体育赛事，来实现城市的跨越式发展。大型体育赛事对其举办城市乃至国家层面上的社会、经济、文化以及城市建设等都将产生持续、广泛、深远的影响。各举办城市为最大限度地发挥大型体育赛事的带动作用，大都将大型体育赛事的筹办与城市发展战略相契合，以实现其经济发展、城市形象提升、城市建设与更新等多元化的目标。同时，大型体育赛事由于其场馆与配套设施的建设需要将引发大规模的城市建设，场馆的布局也会对

作者：刘斌，中山大学地理科学与规划学院，硕士研究生
何深静，中山大学地理科学与规划学院，博士、副教授，主要从事城市更新、城市住房、城市贫困等方面的研究

城市的空间发展以及周边地区的建设与更新等产生重要的影响，这都使得大型体育赛事成为影响城市空间结构调整与城市更新的重要因素。因此，借助大型体育赛事来实现城市空间的拓展与结构优化、城市更新也成为举办城市要实现的重要目标。

随着大型体育赛事的规模及影响范围不断扩大，以及举办城市对提升自身形象、竞争力与影响力的重视，大型体育赛事对城市空间结构与更新的影响越来越大[1~2]，大型体育赛事已经成为举办城市空间结构调整与更新的触发器，不但促进了大规模的城市更新，而且也是带动城市发展战略实施、拓展新区、实现空间结构调整与优化的重要战略工具。国内外许多城市借助大型体育赛事实现了城市发展新区的拓展、城市空间结构的调整与优化以及更新，为城市发展展开了新的一页。1992年的巴塞罗那、2000年的悉尼、2004年的雅典这三次奥运会在满足赛事需求的基础之上，将场馆的布局方式与城市空间发展战略相契合，形成了兼顾比赛需求和城市发展需要的多中心的赛区布局模式，不但促进了城市新区的开发，推进了城市空间的拓展，优化了城市空间结构，而且通过将比赛场馆和奥运村选址于废弃的工业区、机场等地区，加速了场馆区域的更新改造及其交通体系建设和物质环境改善，促进了地区发展与复兴，为旧区更新与发展注入了新的活力[3~6]。体育大事件也对旧城传统风貌与历史文化的保护、保留城市特色起到了重要作用，借助1992年奥运会的契机，巴塞罗那在不破坏老城区历史风貌的基础上进行了大规模城市更新，在给城市注入新的发展活力的同时延续了城市原有的历史文化韵味；广州通过"六运会"、"九运会"的带动实现了城市东进，以及形成的以广州东站—中信广场—天河体育中心—珠江新城—新客运港—洛溪岛为轴的城市新中轴线；南京通过"十运会"奥体中心场馆的修建实现了城市空间拓展和带动城市新区发展的目标，优化了城市总体空间结构，缓解了这两座城市的建设发展与城市更新、老城市传统风貌保护的矛盾，为保护老城历史文化提供了有利条件[7]。

通过以上大型体育赛事对城市发展影响的案例分析可以发现，借助大型体育赛事场馆的建设与布局可以带动新区的发展，拓展城市发展空间，使城市空间结构优化、旧区更新以及功能的合理布局得以实现，在此基础上的城市发展减少了对老城区空间的挤占，缓解了旧城更新与旧城历史文化保护的矛盾，为旧城历史文化保护带来了契机。这已经在"六运会"、"九运会"后的广州、"十运会"后的南京的旧城历史文化保护中显现出来，这也是巴塞罗那在不破坏老城区传统风貌而实现大规模更新、延续城市原有历史文化韵味的重要前提条件。

第16届亚运会的举办，使广州迎来了新一轮的发展机遇。"六运会"和"九运会"的体育场馆基本满足了亚运会的比赛需求，这使得广州亚运会的规划转化为"亚运城市"的规划，得以更多的关注城市发展方面的内容[8~10]，尤其是通过与城市发展战略与规划的契合，对城市空间结构拓展的带动与调整以及城市更新等方面的内容。通过亚运规划与建设，城市空间拓展与结构优化以及功能分散得以大规模实施。城市空间结构的拓展、优化以及城市功能的分散将明显缓解并减少城市发展对老城区空间的挤占，缓解旧城更新与旧城历史文化保护之间的矛盾，这使得作为历史文化名城的广州的旧城历史文化保护迎来了新的契机。亚运会的影响也将通过这些积极的影响从此转变为影响城市发展的长效动力。

2 亚运会对广州城市空间结构优化的重大意义

国内学者们通过对广州、青岛、南京等城市的重大事件的案例分析，提出对于今天的中国城市，大事件所产生的影响或效果有：①拉开城市整体框架结构与功能布局；②改善城市局部地段的形象和景观；③改进城市贫困地区和困难居民就业条件；④积聚城市发展阶段性外来建设资金；⑤争取上级政府乃至国家政府的特别政策；⑥提升整个城市的基础设施水平，尤其是地铁、高速公路等重大设施；⑦可以促进城市文化建设；⑧可以快速提升整个城市在地区、国家、国际上的知名度、影响力等方面的内容[11]。这些大事件所产生的影响或效果大都直接或间接带动影响了城市的空间结构调整、城市更新以及历史文化保护。

广州实行行政区划调整不久，城市空间发展战略也刚刚起步，"六运会"与"九运会"的举办已初步实现了东进的城市空间拓展目标，城市空间发展战略尚需要大规模的带动与促进。在此背景下举办的亚运会对城市空间的拓展与结构的调整优化起到了承前启后的作用，巩固了之前的城市空间拓展与调整优化的成果，并将大规模的带动、促进城市空间框架的形成，进一步拉开城市结构，优化城市空间结构与功能分区。同时，新区拓展以及空间结构调整优化整拉开了城市发展空间，减少了对老城区空间的挤占，为城市更新与老城区文化保护带来了契机。

2.1 亚运前的广州城市空间结构状况

20世纪80年代初的广州市城市总体规划没有能真正将城市的核心功能从旧城区疏解出去，而此时在改革开放的大好形势下，停滞多年的经济被激活，城市需要大量的发展空间，而中心城区拓展空间有限，且功能叠加，导致不得不采取"见缝插针"式的、以旧改为前提的城市发展方式来满足城市发展的需要，城市建设密度越来越高，公共空间被侵蚀，公共设施配套匮乏，基础设施超负荷运行，破坏了千年古城的格局，降低了历史文化名城的整体价值[9]。

"六运会"与"九运会"的举办，成功推进了广州市功能的东进，促进了城市空间结构的历史性突破，催生了天河中心区这一个广州新的城市中心。2000年，行政区划调整解除了广州长期以来城市发展空间局促的困境，使市政府直接管辖的土地面积从调整前的 1443km² 跃升至 3718.5km²，为城市产业和空间拓展提供了巨大的平台。同年在《广州城市发展总体战略规划》中提出："东进、西联、南拓、北优"的城市建设总体战略，采取了"多中心、组团式、网络化"的空间拓展策略。广州中心城市发展终于跨越了"云山珠水"的千年约束，向着"山城田海"的生态格局发展[8]。

虽然广州通过行政区划调整获得了翻倍的城市发展空间，"六运会"与"九运会"的举办也推动了广州市城市发展空间的向东拓展，但是相对于"东进、西联、南拓、北优"的城市建设总体战略、"多中心、组团式、网络化"的空间拓展策略来说，这只是刚刚开始，空间发展战略尚未完全启动，城市整体空间框架尚未拉开，城市功能仍集聚在老城区，城市发展对老城区造成了大量挤占。空间发展战略急需要一个大规模的启动因子。亚运会的举办不仅是城市空间战略全面实施的启动因子，而且亚运会的举办对广州城市空间结构的调整与优化起到了承前启后的作用。亚运会的举办为在行政区划调整后不久、空间发展战略初步实施的广州的发展带来了新的契机。

2.2 亚运会影响下的广州城市结构优化调整

2.2.1 场馆建设优化调整城市空间结构

广州亚运会场馆布局结合广州市总体发展战略计划中的"南拓、北优、东进、西联"的城市发展思路，坚持"多中心、多功能"、"场馆建设——区域发展联动"的原则，实行以奥林匹克体育中心为主赛场，广州新城、大学城、白云新城、花地新城地区性体育中心为分赛场的布局模式。将亚运场馆及配套设施、环境景观建设与地区发展相结合，根据城市总体规划和城市发展战略规划的部署，《广州 2010 亚运会场馆、市政设施与环境建设实施计划》提出"两心一走廊"的亚运会重点发展地区空间格局，即：天河新城市中心和白云新城这"两心"，奥体新城、大学城、亚运城等构成的"一走廊"，以便加快广州重点地区发展、进一步引导城市空间结构调整优化[4, 12]（图 1、图 2）。

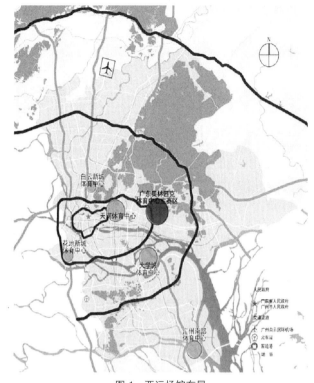

图 1　亚运场馆布局
资料来源：《广州：面向 2010 年的广州城市规划建设纲要》

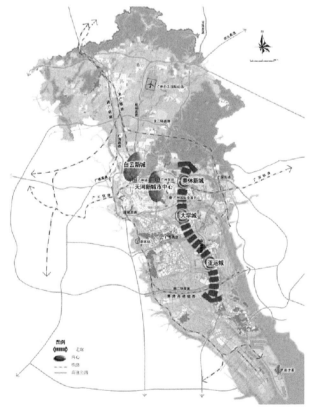

图 2　"两心一走廊"亚运会重点发展地区空间格局示意图
资料来源：《广州：面向 2010 年的广州城市规划建设纲要》

亚运会场馆的"多中心、多功能"、"场馆建设——区域发展联动"的布局方式巩固了两次全运会带动的城市空间与功能东进的成果，推动了天河新城市中心的形成，又带动了南部广州新城的开发建设，同时又在各区内培养了区域增长极[12]，带动了城市空间发展战略的实施，将战略规划转变为行动计划，不仅巩固了已有的空间发展成果，而且促进城市空间布局大规模实施，对广州市的城市空间发展起到了承前启后的作用。"两心一走廊"的亚运会重点发展地区空间格局，进一步完善了城市功能，带动了城市新区的发展，推动城市结构由单中心向多中心、组团式、网络型转变[4]，形成"主中心—次中心和专业中心—地区中心—社区邻里综合分布"的空间结构目标，完善城市的多中心结构[13]。"两心一走廊"的亚运会重点发展地区空间格局更好的发挥了场馆建设及其布局对城市空间结构调整的带动作用。

2.2.2 城市空间结构调整与优化及其良性循环

2006年广州出台的《广州市现代服务业发展"十一五"规划》以及2008年广州出台的《广州市委市政府关于加快发展现代服务业的决定》，先后明确提出广州将重点发展现代物流、金融保险、商务会展、信息服务、总部经济、文化创意、科技服务、服务外包、房地产等高端服务业，2008年国家颁布的《珠江三角洲地区改革发展规划纲要（2008~2020年）》也提出，要求广州优先发展高端服务业，进一步优化功能分区和产业布局[13]。现代服务业对城市空间需求量大，对交通等服务配套设施要求高，广州老城区已经无法满足发展现代高端服务业的要求，在老城区发展高端服务业只会使老城区功能叠加，给老城区的交通等基础设施带来压力，不利于城市整体的空间发展和功能结构布局。

亚运场馆的分散布局模式，以及在此基础上确定"两心一走廊"的亚运会重点发展地区空间格局符合了城市功能分区优化发展的需要，为加快广州重点地区发展、优化功能分区，进一步引导城市空间结构调整优化创造了机遇[13]。在亚运带动下，通过在"两心一走廊"亚运会重点发展地区重点发展现代物流、金融保险、商务会展、信息服务、总部经济、文化创意、科技服务、服务外包、房地产等高端服务业，来进一步完善城市功能、带动新区发展、培养中轴线进一步形成以及带动南拓战略的实施[14]，不仅巩固了"六运会"与"九运会"广州城市空间的向东拓展以及促进中轴线形成的成果，而且通过区域的重点发展与产业的合理培育，功能得到合理分散，城市空间结构得到进一步调整与优化，城市空间结构调整形成良性循环：场馆的分散布局带动城市空间结构的优化，形成主次分明的城市空间结构；通过城市发展战略与亚运建

设的结合，在亚运场馆布局的基础之上带动城市新区的发展，进一步完善区域的城市功能，形成区域增长极，实现城市功能的分散与合理布局；通过城市功能布局的优化来进一步带动城市空间结构的优化与调整，并实现二者互动优化的良性循环，实现城市多中心、组团式发展的空间发展战略。

3　亚运影响下的广州市旧城更新

广州市在2000年实行行政区划调整以及在《广州城市发展总体战略规划》中提出："东进、西联、南拓、北优"的城市建设总体战略之前以及之后的很长一段时间，城市发展主要集中于旧城区，旧城区功能堆叠，城市发展不得不采取"见缝插针"的旧城改造改的方式，对旧城区的城市空间侵占严重，老城传统风貌破坏严重，特色丧失殆尽[8]。旧城更新与保护的矛盾是旧城历史文化一直得不到妥善保护的重要原因。

亚运会的举办，促使广州为了提升城市形象，将旧城更新的思路转为以保护为目的；同时，亚运也带动了城市空间发展战略的实施，拉开了城市结构，这为城市发展提供了空间，减少了城市发展对旧城空间的挤占，缓解了旧城更新与保护之间的矛盾，也为以保护为目的的旧城更新提供了物质基础。这都为旧城历史文化保护带来了新的机遇。

3.1　广州以往的旧城更新状况

受限于局促的城市发展空间，在占广州建成区21%的旧城区土地上集中了全市大部分的经济和社会活动，城市功能叠加，旧城区一直保持着较高的开发强度，城市发展不得不采取"见缝插针"的旧城改造改的方式。高强度的房地产开发导致了旧城区的"三高问题"，即人口密度高，建筑密度高，交通密度高，生活环境进一步恶化，直接导致了生活质量的下降。加之旧城更新改造中实施以市场为主导的旧城更新改造模式，忽视了传统城市空间肌理与对老城区的保护，导致旧城更新以大拆大建为主[8]。高度重叠的城区功能无法在有限的用地范围内得以消化，导致向心交通的加剧[15]。这样的更新模式致使城市发展不断挤占老城空间，造成了城市更新改造与老城传统文化保护的冲突。

"六运会"与"九运会"的举办，成功推进了广州市功能的东进[8]，也促成以广州东站—中信广场—天河体育中心—珠江新城—新客运港—洛溪岛为轴的城市新中轴线的形成[7]，实现了城市发展空间的首次突破，以及对城市新功能的培育，起到了一定的缓解老城区发展压力的作用。

但是此时的广州"南拓，北优，东进，西联"的城市空间发展战略刚刚提出，城市空间结构拓展刚刚起步，城市空间结构尚未完全拉开，城市功能仍然集聚在旧城区，优越的商业、教育、医疗等公共资源对开发商与居民的吸引力巨大，加之地铁的这种便捷的交通方式介入后，旧城区再次成为开发热点，旧城更新仍然以大拆大建为主[8]，对旧城空间挤占以及传统风貌破坏严重。城市发展急需一个强有力的带动因素来大规模地带动城市空间发展战略的实施，来拉开结构，分散老城区的功能，缓解老城区建设发展、更新与老城历史文化保护的矛盾。

2006年末，广州市政府提出了针对老城区发展的"调优、调高、调强、调活"的"中调战略"。但实际上仍然以大拆大建为主，导致"中调战略"搁置。2009年广东全面启动的"三旧"改造（旧城镇、旧村庄、旧厂房），让停滞数年的"中调"有了兑现的可能[8]。同时，亚运会引起的大规模的城市建设，对城市空间结构以及更新的带动与影响作用，使得亚运会成为大规模城市空间发展战略的启动因素，也为旧城更新向以保护为目的的转变提供了物质基础以及实施的可能。

3.2 亚运带动下的旧城更新

3.2.1 旧城更新的观念、思路得以转变

城市发展空间结构局促是造成旧城更新与保护矛盾的重要原因，使得旧城更新以侵占老城区的"大拆大建"的方式进行。大规模推倒重建式的城市更新由于目标单一、内容狭窄，致使旧城居住区的社会网络和城市肌理遭到严重破坏[16]，致使城市缺乏特色，传统历史文化遭到破坏，已经不适应现在追求社会利益最大化的城市发展需要。国内外的城市更新方式也大都从大拆大建转变为注重旧城历史文化的保护。亚运会的举办也从政策方面带动了旧城更新观念的转变。

通过亚运会的带动，在政府的主导下，广州进行了新一轮的、以提升城市形象为目的城市更新。这一轮城市更新以2004年编制的《广州：面向2010年亚运会的城市规划建设纲要》中提出"文化名城，岭南古郡"的"亚运城市形象"为更新思路，在旧城更新中以历史地区保护为基础，充分借鉴文化导向的城市更新经验实施旧城更新[17]。为同时满足城市自身发展与亚运建设需求，以及塑造"文化广州，历史名城；商贸广州，国际都会；活力广州，体育强市；生态广州，花园城市"的"亚运城市"形象的需要，广州市在2007年提出的《广州2010亚运城市行动计划纲要》中拟定了：亚运场馆、交通畅顺、重点建设、人文景观、设施配套、青山绿地、碧水蓝天、市容改善八大亚运行动计划[18]。这些亚运行动计划以城市

基础设施与环境建设为重点，很好地促进了旧城更新以及旧城历史文化的保护。尤其是人文景观工程，注重推进历史文化景观建筑的恢复、重建和修缮工作，为实现"文化广州，历史名城"的目标，在"以人为本"和"可持续发展"思想的指导下，把保护古都风貌与提高广大人民群众生活质量与公共服务相结合，完善城市发展的软环境，通过历史文化名城的建设为亚运会的成功举办创造文明祥和的气氛，展现"岭南古都"的风貌[18]。

3.2.2 城市空间结构调整使以保护为主的旧城更新得以实施

大型体育赛事场馆的建设与布局拓展了城市新区，优化了城市空间结构和功能布局，加之举办城市对城市形象提升以及对城市文化的宣传与弘扬的需要，促进了城市更新从"大拆大建"向以保护旧城历史文化的转变，也为其实施创造条件。巴塞罗那通过奥运会、南京通过"十运会"都达到了开拓新区的目标，拓展了城市空间，城市发展不再挤占老城区的空间，旧城更新得以老城区的传统风貌为主，实现了在保留传统风貌基础上的旧城更新，保护了老城历史文化与特色[4, 7]。

亚运倡导下的以保护为主的旧城更新对历史文化名城广州来说非常重要。"大拆大建"的旧城更新模式已使历史建筑及其形成的传统风貌这一旧城历史文化的重要载体遭到严重破坏。以保护为主的旧城更新模式的实施需要以城市新区拓展，城市空间结构调整以及老城功能的合理疏解为前提条件。亚运的举办为实施创造了条件，亚运全面启动了广州市的空间发展战略，在新一轮行政区划调整的基础上，拓展了新区，拉开了城市结构，也带动了城市功能的合理分散，为城市发展提供了更多的空间，有效疏解了老城区的人口与功能。这不但减少了城市发展对老城区的挤占，缓解了旧城更新与保护的矛盾，而且有了更多的城市发展空间以及拉开的城市结构，也使得以保护旧城历史文化为主要目的旧城更新得以实施。

4 城市空间结构优化与旧城历史文化保护的关系

在行政区划调整的基础上，广州市通过《广州城市发展总体战略规划》提出："东进、西联、南拓、北优"的城市建设总体战略，采取"多中心、组团式、网络化"的空间拓展策略，为广州市未来的发展制定了一个整体的空间框架。在城市发展战略的基础之上制定亚运规划，通过场馆及其配套设施的建设，以及"两心一走廊"的亚运会重点发展地区空间格局对城市空间结构的调整与优化的进一步引导，很好地带动了空间总体发展战略的

实施，加快了空间布局调整的步伐，形成了城市空间结构的良性循环。

作为亚运期间的重点改造建设地区，荔湾区充分发挥其历史文化资源丰富的优势，进行了符合荔湾区资源状况以及有利于其历史文化保护的城市更新。其中"五区一街"（荔枝湾文化休闲区、陈家祠岭南文化广场区、沙面欧陆风情休闲区、十三行商埠文化区、水秀花香生态文化休闲区以及上下九商业步行街）城市更新规划就是在亚运背景下，一个以保护老城区历史文化为主要内容的城市更新项目[19]。

"五区一街"通过对荔湾旧城区历史文化资源的充分挖掘，制定符合资源状况的更新计划，通过全面的改造建设以展现城市历史风貌，实现旧城历史文化的保护与提升[19]（图3）：

①荔枝湾文化休闲区，主题为"诗意广州"。充分发挥西关大屋的特色，恢复荔枝湾水系旧观，重建岭南园林之冠的"海山仙馆"。通过增强旅游服务功能，引入中高端文化休闲项目，开展地方特色民俗活动，打造一个集文化展示、生活休憩、饮食娱乐、旅游购物等于一体的多功能文化休闲旅游区。

②陈家祠岭南文化广场区，主题为"印象岭南"。通过城市广场的扩建，形成岭南传统建筑艺术、民间工艺展示、群众文化活动的城市文化广场，形成"余荫亲境"的景观氛围。

③沙面欧陆风情休闲区，主题为"至尚洋岛"。将充分发掘沙面历史建筑的文化价值和使用潜力，结合优美的临江景观资源，形成集建筑博览、史迹旅游、休闲游憩及总部经济为一体的综合性商贸旅游区。

④十三行商埠文化区，主题为"环球名埠"。以十三行故址旧城改造为基础，结合文化公园的改造，沿江路景

图3 "五区一街"规划示意图[19]

观的整治将该区域打造为十三行主题公园及旅游商贸区，重现千年商都的繁华。

⑤水秀花香生态文化休闲区，主题为"水秀花香"。充分利用现有丰富生态资源，提升滨水景观品质，增加配套设施，打造生态文化休闲区域，将建成面向广佛的生态旅游、花卉自助、品茗娱乐休闲区域。

⑥上下九商业步行街，主题为"西关商廊"。以文化、旅游、商业为主导功能，通过对上九路、下九路、第十甫路及其周边地区沿街旧城的更新，达到与大广州的现代商业文化相搭配、传统商业与现代商业文化相结合，展现广州商埠文化。

荔湾区"五区一街"更新改造项目只是广州亚运会对旧城更新、历史文化发掘与保护影响的一个缩影。通过对城市空间结构的调整优化以及在此基础的对旧城功能的合理分散，缓解了旧城更新与保护的矛盾。旧城更新以保护和发展旧城历史文化为主，亚运会在筹办阶段以及后亚运时代都将对广州的旧城更新带来积极的影响，使旧城历史文化保护得以良性发展。

5 结语

在经济转型和全球化的时代背景下，我国城市政府纷纷通过空间结构调整、旧城更新改造、设立新区等方式来促进整合城市资源，促进城市的发展，以此来提高城市的区域竞争力。大型体育赛事作为推动城市发展的重要外部因素，由于其对大规模的城市建设的引发、较高的资源整合与调动力度等因素而往往成为城市实现新区拓展、空间结构调整以及旧城更新的战略工具。

通过与城市发展战略的契合，亚运会从筹办阶段就开始服务于广州的城市发展。在亚运的带动下，广州实现了新区的拓展、拉开了布局、促进了城市空间结构的调整与优化等城市空间发展战略。新区的建设以及城市空间结构的调整优化减轻了旧城压力，容纳城市和区域新的职能，缓解了旧城更新与保护的矛盾，打断了原先由于城市发展空间不足、城市功能过分集中于老城区造成的城市发展挤占老城区空间、"大拆大建"的恶性循环，也实现了城市功能合理布局。新区的拓展以及城市空间结构的调整也为以保护老城区，充分发掘、发展老城区历史文化资源的旧城更新的实施提供了可能。

亚运会带动了广州市新区的拓展、空间结构的调整与优化，促进了城市发展战略的全面启动，在此基础之上，旧城更新也形成了以旧城历史文化资源合理开发利用与保护的良性循环与互动。城市空间发展与历史文化保护在亚运带动下上了一个新的台阶，展开了新的一页。

参考文献

[1] Stephen Essex, Brian Chalkley. Driving urban change: the impact of the winter Olympics, 1924—2002 [G] // Olympic Cities. London: Routledge, 2007: 48—58.

[2] Brian Chalkley, Steven Essex. Urban Development through Hosting International Events: A History of the Olympic Games [J]. Planning Perspective, 1999 (14): 369—394.

[3] 易晓峰，廖绮晶. 重大事件：提升城市竞争力的战略工具 [J]. 规划师，2006，22 (7)：12—15.

[4] 易晓峰，刘云亚，许智东，廖远涛，闫永涛. 2010广州战略规划与亚运场馆布局规划 [J]. 城市规划，2009，33 (增刊)：41—45，68.

[5] 黄琲斐. 巴塞罗那的城市更新 [J]. 建筑学报，2002 (5)：57—61.

[6] 王凯军，金冬霞. 悉尼奥运会对城市环境整治和景观生态建设的促进及经验 [J]. 城市管理与科技，2003，5 (1)：9—11.

[7] 杨乐平，张京祥. 重大事件项目对城市发展的影响 [J]. 城市问题，2008 (2)：11—15.

[8] 袁奇峰. 大事件，需要冷思考——广州亚运会对城市建设的影响 [J]. 南方建筑，2010 (04)：5—11.

[9] 袁奇峰. 广州：一个善用体育事件的大城市 [J]. 北京规划建设，2009 (02)：77—79.

[10] 袁奇峰. 2010年的广州——亚运城市 [J]. 风景园林，2006 (01)：34—41.

[11] 吴志强. 重大事件对城市规划学科发展的意义及启示 [J]. 城市规划学刊，2008 (6)：16—19.

[12] 张萍，张楠. 重大体育赛事场馆布局规划思考 [J]. 中外建筑，2005 (03)：19—21.

[13] 陈建华，李晓晖. 2010年亚运会与广州城市发展 [J]. 城市规划，33 (增刊)：5—12.

[14] 王国恩，刘斌. 亚运规划与城市发展 [J]. 规划师，2010，26 (12)：5—10.

[15] 李景. 历史城区风貌保护与城市交通——以广州历史文化名城为例 [C]. 广州，2006.

[16] 何深静，于涛方，方澜. 城市更新中社会网络的保存和发展 [J]. 人文地理，2001，16 (6)：36—39.

[17] 吴天谋，李晓晖. 2010年亚运会与广州城市特色重塑 [J]. 城市规划，2009，33 (增刊)：26—30，35.

[18] 廖远涛，易晓峰，许智东，闫永涛. 广州2010年"亚运城市"行动计划 [J]. 规划师，2009，33 (增刊)：36—40.

[19] 江伟辉，邵骏. 亚运会与城市次区域发展——亚运会背景下广州市荔湾区发展策略 [J]. 规划师，2010，26 (12)：11—15.

上海城市发展进程中世博会的介入及其效应转化研究①

The Intervention and its Effect Transformation of 2010 World Expo In the Process of Shanghai Development

王伟　朱金海

【摘要】在信息化时代和全球化背景下，"重大事件"已经成为一个频繁出现的关键词，它作为城市发展的战略工具，受到世界上越来越多城市政府的重视，同时社会的关注点不再局限于"事件"本身，而是更为看重"事件"为城市发展带来的贡献。作为 2010 年世博会的承办城市，"如何有效地延续和放大世博的积极效应，从而对城市发展产生结构性的、可持续的影响"成为后世博时代上海面临的一项重要课题。在此，笔者从城市事件的基本规律认知入手，对历届世博会后续效应转化方式引介与比较，进而对上海世博会后续效应转化的思路与方向进行探讨，以期能为上海世博资源后续利用的效益最大化做出有益探索。

【关键词】城市发展　重大事件　效应转化　世博会　上海

Abstract: Under the era of informatics and economic globalization, "mega-event" has become a hot word, as the strategic tool of the urban development, and has attracted more and more attention by the government in the world. Meanwhile, the society is not limited to focuses on "event" itself, but more on the contribution "event" brings to the urban development. As the host city of 2010 Expo, "how to efficiently extend and enlarge the positive effect of the Expo event, to engender the city's structural and sustainable development" turned into one of the important issue that Shanghai faces at this Post-Expo era. Hereon, taken Shanghai Expo as the example, starts with the basic discipline acknowledgement of city event, compared and quoted with the extended effect transfer modes of previous expos, to discuss the event transform direction and thoughts of the effect for Shanghai Expo event, may to some extent contribute any exploration for the continuous development and successful utilization of the Expo resource.

Keywords: urban development, mega-event, effect transfer, Expo, Shanghai

　　在信息化时代和经济全球化的背景下，"城市事件"已经成为一个频繁出现的关键词，它作为城市发展的战略工具虽不能最终成就一座城市，却可以让城市在短期内发生嬗变，因此受到世界上越来越多城市政府的重视，其中一些大型事件（如奥运会、世博会、世界杯等）已经成为全球性的盛会。但大型事件对于城市促进的短期高峰效应不是最终目的，将其转化为助推城市永续发展的有益催化剂与长期动力才是城市事件成功的根本标志。

　　2010 年上海世博会作为发展中国家首次主办的世博会，创造了诸多世博会历史之最。延续与放大世博效应成为上海在后世博时期（特别是"十二五"时期）的主要目标，也将是国际社会最终衡量上海世博会是否成功的标准

作者：王伟，城市规划博士，中央财经大学博士后，助理研究员
　　　朱金海，上海市人民政府发展研究中心　副主任

　　① 研究受中国博士后科学基金立项课题（20110490640）：全球化视角下中国大都市发展关键绩效指标（KPI）体系研究—基于京沪实证；上海市哲学社会科学规划青年课题（2010ECK002）：区域性交通设施建设与上海都市圈功能布局优化研究支持。

之一。在此，研究立足上海"创新驱动，转型发展"的发展主线，从城市事件的基本规律认知入手，对历届世博会后续效应转化方式引介与比较，进而对上海世博会事件效应转化的思路与方向进行探讨，以期能为上海世博资源后续开发与利用的成功做出有益探索。

1 城市重大事件的认知

1.1 事件机理：触媒体与大轨迹

城市经济理论中对城市经济活动基本和非基本部分的区分，告诉我们没有一个城市的发展是仅仅依靠内生性因素完成的，而是城市内部发展的内生性因素与重大事件等各类外生性因素相结合互动，推动着城市不断演化发展。从这点上看，重大事件与城市发展的历史之间存在一种相对关系，特别是在今天，全球化使得每一座城市深深地与外部捆绑在一起，重大事件的发生对城市发展轨迹具有关键影响。

吴志强教授提出城市发展的"底波率"原理来说明城市事件与城市发展的关系："一个城市的发展由内生的动力和外部的流动要素驱动：城市的内生性扩展要素构成的是城市发展的一个底线，而来自外部的流动要素成为一个个间发性的动力要素……这就是城市发展的'底'和'波'构成的'底波率'，'底波率'的本质是城市发展本身的内部动力和外部间发性事件的刺激，构成了城市发展的综合动力。城市重大事件显然应当属于'底波率'中'波'的要素"。

荣玥芳等提出基于城市"基础性功能"和"后基础性功能"概念的城市阶段性划分链条，城市重大节事是实现城市发展阶段的跨越与城市功能的阶段性进步"双重跨越"

的"触媒体"。

在上述基础上，笔者认为重大事件不能恒久地成就一个城市，但可以改变城市演进的轨迹。正如城市在不同的发展阶段具备不同的城市功能，导致城市具备发生不同城市事件的能力。在前工业化阶段，城市所具有的功能比较低级或单一，但满足城市事件的条件在逐渐成熟。伴随城市自身发展的高级化，事件 A 加速了城市向工业化阶段的迈进，与此同时塑造出城市在基础性功能上的个性特色功能，因此，事件 B 塑造出城市的竞争优势功能，事件 C 塑造出城市的永续动力功能。在这种双向纵深发展过程中，城市因具备相应的功能而具备发生某种事件的能力，同时事件又能够通过对城市产生的激发和加速作用，促进城市旧功能的完善与提升以及新功能的出现与发育，从而助力城市发展阶段的跨越（图 1）。

1.2 事件生命：短周期与可持续

重大城市事件作为一种能够影响城市发展发生瞬时跃迁的短周期行为，不仅会给城市带来巨大的短期效益，而且对城市长远发展的潜在作用是无可估量的。但必须对事件的生命周期有更为全面的认识：事件从申办、筹备到实现需要一个过程，而事件后续运作也是城市事件作用过程的重要组成。"事前储备阶段"、"事中释放阶段"和"事后延续阶段"三个阶段环环相扣，缺一不可，对其规划管理应做全流程长远设计，而绝非事件发生就算大功告成。与此同时，事件的贡献体现在三个方面，一个是事件激发城市设施体系的提升，另一个是事件激发城市功能等级的提升，再有就是事件激发城市核心价值的提升，最终实现特定历史时段的事件推动实现城市发展阶段跨越的功效（图 2）。

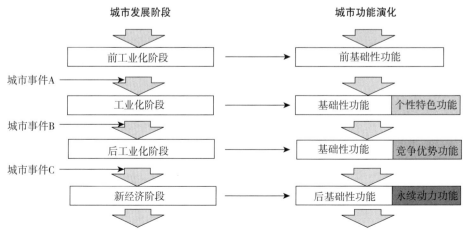

图 1 城市事件与城市发展阶段以及城市功能的关系

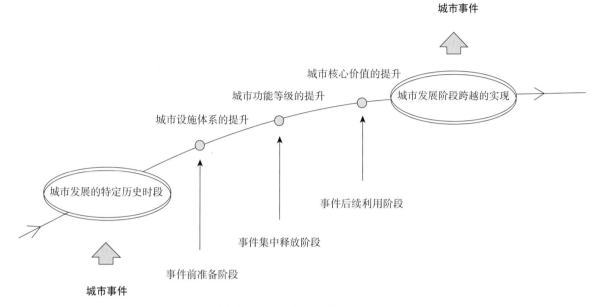

图2　城市发展进程中重大事件的介入及其效应转化

1.3　事件影响：理想与现实

重大事件对于城市的影响是巨大而广泛的，既有"硬"影响，如可以通过提高城市的基础设施水平、促进城市地区的发展、提升城市形象、新建场馆等方面塑造城市的物质环境；也有"软"影响，如提高城市的组织能力、弘扬城市文化、塑造更开放的环境等来营造城市制度环境等，几乎包括了城市运行与发展的各个层面。重大事件作为城市发展战略的具体战略措施之一，是非常典型的政府行为。政府承办重大事件的发展目标一定是美好的，但理想与现实之间仍存在很多挑战需要克服（表1）。

城市事件积极与消极影响的内容与形式梳理　　　　　　　　　　　　　　表1

影响的性质	影响的内容	影响的形式
积极影响	城市地位	影响力
		城市形象宣传
	经济影响	扩大财政投入，直接拉动经济增长
		对其他产业的带动
		拉动周边及更大区域发展
	对市民或社区的影响	提升城市或社区自豪感
		增强投资者对城市信心
		参与性、关注性
		增长见识
		意识或观念的转变
		吸引优秀人才
		创造就业机会
	基础设施	强化或加快基础设施建设
		改善环境
	旅游影响	重大事件本身吸引的游客
		长期潜在的旅游目标群

续表

影响的性质	影响的内容	影响的形式
积极影响	对城市总体运营能力的考验	理念或体制的转变
		秩序、资源整合能力加强
		公共管理体系的加强
		提高城市协同度
消极影响	后续影响	事后资源闲置
		过度强化设施建设
		进行超常规投资
		由于超常规增长带来突然下滑
	城市舒适度的降低	拥挤、嘈杂
		居住和生活环境的转变

资料来源：范丽琴.初探"城市重大事件"的概念和影响.科技信息，2007（21）.

从上表关于重大事件对城市发展影响的梳理中我们可以看出，重大事件的发生对一个城市的发展具有双刃剑效应。为了尽可能地利用重大事件对城市发展的积极促进作用而规避其负面风险，必须从重大事件项目与城市协同发展的高度进行统筹谋划。

2 历届世博会后续效应转化方式引介与比较

历史经验表明，每届世博会所留下的各类物质和非物质资源和效应都对世界各国发展产生了深远的影响。通过对代表性世博会举办城市所采用的后续效应转化利用方式进行梳理（表2），初步看出，所采取的主要手段有：推进园区二次开发，重建后续发展环境；引入多元开发主体，激发后续发展活力；吸纳各类人才，获得后续持久发展动力；立法保障，夯实后续发展基础；以及推广世博科技应用，引领后续创新发展等，总体呈现后续效益转化利用日益重视、日益深入的趋势。

历届世博会后续效应的发挥方式比较　　　　　　　　　　表2

推进举措	典型案例
推进园区二次开发，重建后续发展环境	1939年纽约世博会选址在皇后区法拉盛草地附近一片破败不堪的垃圾场举行，这片垃圾场随即被改造成为纽约继中央公园之后的第二个公园，但并没有能够彻底改变法拉盛草地的旧貌。1964~1965年，纽约进行了再次尝试，利用世博会对园区进行二次开发，并在此之后经历几十年的改造扩建，最终把这片垃圾场改造成为纽约最受欢迎的公园之一
引入多元开发主体，激发后续发展活力	在1992年塞尔维亚世博会筹办期间，即由西班牙国务院、安达卢西亚地方政府和塞维利亚市政府共同出资构建了Cartuja93发展有限公司，负责开发"塞维利亚科技园区"
	为了筹备1998年世博会，由葡萄牙国家政府和里斯本地方政府共同投资组建了98世博园股份公司
	1986年温哥华世博会后，私人入股筹建的太平洋协和公司公开竞得世博园区所在地的开发权，并首创一种高密度居住条件下的新型城市生活环境
吸纳各类人才，获得后续持久发展动力	1964年纽约世博会后，很多参与修建场馆的工作人员作为移民留在了当地，1965年颁布的新移民法，更是通过把受过高等教育、具有突出才能的移民，以及美国急需的熟练与非熟练劳工列入限额移民的优先考虑，使得大批高素质移民尤其是亚裔移民不断涌入法拉盛，进一步将美国推入了全新的移民时期
立法保障，夯实后续发展基础	大田世博会结束后，韩国政府于1993年、2004年分别颁布实施《大德科学城行政法》以及《大德研发特区法》，并于2005年更进一步将大德科技园的发展写入国家法案，这使得始建于1974年但发展缓慢的大德科技园走上了快车道，并一举成为韩国科技发展的摇篮和21世纪韩国经济成长的动力
	日本以1970年大阪世博会为契机，通过政策法规，如界定关西经济圈范围的《近畿圈整备法》以及旨在解决区域发展密疏不匀问题的《第三次全国综合开发计划》等，推动了关西及整个太平洋沿岸城市群区域的同城化进程，有效地推动了以举办城市大阪为中心的"关西经济圈"的形成

续表

推进举措	典型案例
推广世博科技应用，引领后续创新发展	1939 年的纽约世博会，通用汽车公司通过 3250m² 的展台向参观者呈现了美国未来城市的素描与模型，首次向全世界展示了未来的汽车生活以及建设州际高速公路的设想，由此激起了人们对高速公路的向往，以及政府对投资建造国家高速公路网络的意图。1940 年美国建造了 262km 长的宾夕法尼亚 Turnpike 高速路，成为高速公路的样板路，随后其他州纷纷仿效。而 1944 年美国国会出台的联邦资助道路法案，更是以联邦和州立法的形式保障高速公路建设，规定凡列入国家规划的高速公路建设都能得到联邦政府的资金援助，由此加速了全美高速公路的建设步伐，并以此为基点，撬动了美国社会经济的快速发展。

资料来源：上海市发展改革研究院，上海市人民政府发展研究中心．发挥世博后续效应，加快经济发展转型．2010.

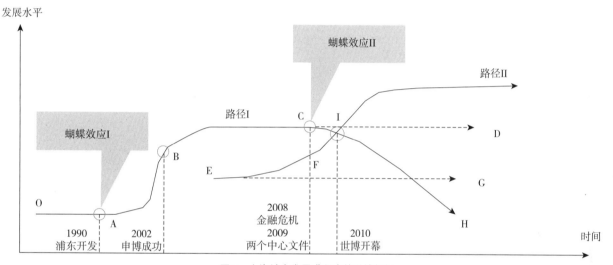

图 3 上海城市发展进程中的世博契机

3 上海世博会的事件效应转化与利用

举办 2010 年世博会是中华民族的盛典，也是上海现代化进程中难得的历史性机遇，为上海转变发展方式提供了积聚新型成长要素的重大题材，世博资源的高端性、稀缺性、国际化等特征，与上海发展转型的要求高度契合。因此，充分发挥世博后续效应，将有助于上海借势加快发展转型，进入新的发展路径（图 3）。

3.1 世博事件效应转化利用概念框架

历经八年世博会筹办及举办，上海从经济、社会、文化、科技、管理等多方面积累了大量的世博资源，这些资源将从不同范围、不同层面、不同角度有力撬动世博后续效应的释放和利用，是未来上海转型发展的重要支撑点和助推器。因此，必须对这些资源与效应有一个系统全面的认识，我们认为以世博会事件层为核心，外围依次为资源层、效应层与系统层，形成"1 个事件集聚 10 类资源，10 类资源释放 10 大效应，10 大效应推动 5 大转型"的全局性、系统化的世博事件效应转化利用概念框架（图 4），从而

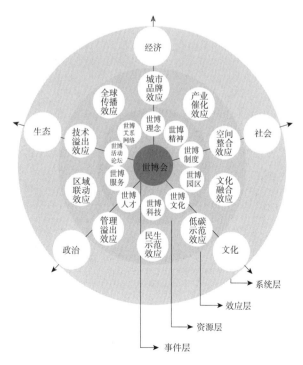

图 4 上海世博会事件效应转化利用概念框架

	上海世博会形成的物质和非物质资源梳理 表3	
物质资源	非物质资源
世博场馆及基础设施资源 世博土地资源、世博场馆资源、生态景观资源、公共服务设施资源、遗留物质资源	世博理念 "城市，让生活更美好"主题；世博副主题体系；各世博展馆的理念展示；各类论坛；《上海宣言》
	世博精神 城市志愿者组织、志愿者精神和口号；市民公众意识；城市文化归属感；世博家庭；市民参与；创建和谐社区
	世博制度 世博组织管理制度，安全运行机制，工作协调机制等
	世博文化 文化设施资源，文化产品资源，文化演出引进渠道资源
	世博活动论坛 仪式、巡游、舞台、主题等四大类活动和国家馆日活动/荣誉日活动/城市、企业特别活动/省区市活动周活动和日常活动两大类；世博论坛资源，分高峰论坛、主题论坛、公众论坛三大系列
世博科技资源 围绕世博园区规划建设、世博建筑、世博安全、世博信息等形成的世博科技成果；参展国家、国际组织和企业展示的科技成果	世博关系网络 参展国家主体网络，国际组织网络，参展城市网络，企业网络，媒体网络，海内外人气网络，长三角区域合作网络
世博人才资源 世博局及其相关工作人员、各类专业人才、国际化人才、志愿者队伍	世博服务 服务设施资源，世博服务标准资源，世博服务平台资源

资料来源：上海市人民政府发展研究中心，上海市发展改革研究院. 发挥世博后续效应，加快经济发展转型. 2010.

对工作开展形成清晰指导。

3.1.1 世博资源层

根据资源的属性、形式、内容等，梳理出世博场馆及基础设施资源、世博理念、世博精神、世博科技、世博制度、世博文化、世博人才、世博服务、世博活动论坛、世博关系网络等十大类资源，基于各类资源的主要特征，可制定世博资源后续利用的总体思路，最大限度地将世博资源转化为推动上海城市创新发展的现实优势。

3.1.2 世博效应层

世博后续效应是指会期结束之后世博会对于主办国和主办城市在经济发展和社会、文化、科技进步，以及国际形象提升等方面的长期综合效应。结合2010年上海世博会世博遗产资源的形成途径不同，上海世博后续效应大致可体现在两个层面十大方向：

（1）世博物质资源发挥的后续效应。世博物质资源是"世博后"可利用的物质载体，对上海城市功能提升、产业结构升级、空间布局优化等将产生直接的影响。如世博会场馆设施及园区土地资源再开发利用将有助于完善中心城区发展规划，进一步优化城市空间布局，有助于推动服务经济能级提升，进一步完善城市服务功能。

（2）世博非物质资源转化的后续效应。世博非物质资源

也叫"软资源"，主要是指上海世博会在申办、筹办、举办过程中凝聚而成的精神、文化、制度、品牌、网络关系以及由此而产生的各种无形资源。世博后这些软资源的常态化、机制化、可持续化应用，将为上海未来发展注入新的动力。

最后，"有形"的物质资源、科技和人才资源与"无形"的理念、精神、制度、文化、网络、活动、服务等资源交叉叠加形成城市品牌、产业催化、空间整合、文化融合、低碳示范、民生示范、管理溢出、区域联动、技术溢出等十大效应转化方向，对上海城市转型发展产生直接推动和间接带动作用。

3.1.3 城市系统层

城市的发展转型不同于一般的结构微调，而是一种发展模式、增长动力、经济结构、空间形态的"蜕变"，由外部资本和资源要素投入驱动，更多地向技术进步、经营创新和制度变革驱动转变。尽管上海拥有雄厚的经济基础、密集的智力资源和对外开放前沿的良好条件，但是，推动经济、社会和谐成长的新型要素不足的矛盾仍然十分突出，转变经济发展方式亟须外部重大的推动力。

世博后续效应对于推动城市转型发展具有十分丰富的内涵，不同的时代背景、城市功能、发展阶段和民众诉求使得世博效应彰显出较大的差异性。"十二五"时期，上

海将进入发展模式的加速转型和城市功能的突破提升期。从 2010 年世博会的申办、筹办到举办，本身就是对上海城市发展模式转型的一次重要的良性促进。随着上海在城市基础设施、消费服务设施和城市景观方面投入力度的持续加大，城市面貌焕然一新，承载能力不断增强，极大地改善了上海的对外服务接待能力，推动了生产要素在长三角间的自由流动。同时，上海世博会因充分演绎"城市，让生活更美好"的主题，将为上海发展转型提供新理念、新模式、新技术、新途径；世博理念、世博科技、世博案例、世博经验、世博精神等，又从推进产业结构调整、加强创新能力建设、提升城市服务功能、促使城市布局优化、统筹城乡一体发展、健全社会管理体系等不同方面推动上海的发展转型，进一步实现城市发展"经济、社会、文化、政治、生态"五位一体的可持续发展。

3.2 世博事件的战略影响及上海未来发展趋势

世博的战略影响与上海"四个中心"以及国际大都市建设的战略要求高度契合，为此，上海世博会的后续效应，应该追求短期高峰效应和长期持续效应相结合，探寻全方位、立体化的世博效应延续。对此，上海市政府发展研究中心在后世博系列课题研究中，提出世博后十年上海将力争实现四大战略转变：一是实现向服务经济结构战略转变，"四个中心"核心功能基本形成；二是实现向世界级城市群的核心战略转变，国际大都市引领功能全面增强；三是实现向全球城市网络节点战略转变，全球资源配置能力和全球服务功能基本形成；四是实现向现代城市发展模式战略转变，成为实践低碳、智慧、创新、文化、人本理念的引领地。

上海发挥世博后续效应推动城市转型发展，将着重抓住五大环节：①依托世博带来的新一轮国际化资源，加速推动上海城市战略定位从国内经济中心向全球城市全面转型；②依托世博积累的高端产业和科技资源，加快推动上海经济形态从制造经济向服务经济的转型；③依托世博建设和运营经验资源，加快推动上海城市建设管理从人为推进向智能集约的转型；④依托世博城市发展理念资源和案例实践成效，加快推动上海城市治理模式由政府管理向政府善治的转型；⑤依托世博的城市化发展新理念，加快推动上海生态环境建设模式从宜居和谐城市向绿色低碳城市的转型。

3.3 世博事件效应转化利用进展

目前，上海世博会后续效应转化核心工作是以上海世博园区后续发展领导小组、世博发展（集团）有限公司为主体，做好世博园区的后续开发利用（图 5），同时市区两级、社会各界将迎博办博期间积累的经验长效化、

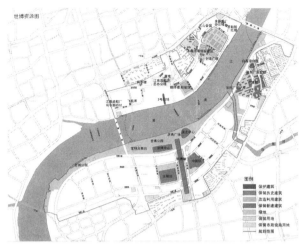

图 5 世博会地区结构规划图
资料来源：上海市规划和国土资源管理局

常态化、机制化，积累的资源与机会进一步放大做强。

据已批准的结构规划，世博会地区发展定位为：突出公共性特征，围绕顶级国际交流核心功能，形成文化博览创意、总部商务、高端会展、旅游休闲和生态人居为一体的上海 21 世纪标志性市级公共活动中心。

世博会地区 5.28 平方公里土地将形成"五区一带"的功能结构。浦西：依托原浦西企业馆区的文化博览区，定位为"能够引领全市文化发展，国内顶尖，世界一流的博览文化集聚区"；二是整体保留的城市最佳实践区，定位于"塑造集创意设计、交流展示、产品体验等为一体，具有世博特征和上海特色的文化创意街区"。浦东包括三大功能区。一是以世博村地块为依托的国际社区，定位为"具有国际文化内涵和多元生活方式的国际性社区"；二是原 AB 片区组成的会展商务区，定位于"知名企业总部聚集区和国际一流的商务街区"；三是原 C 片区组成的后滩拓展区，目前规划为城市可持续发展预留战略空间。"一带"指滨江生态休闲景观带，是依托滨江绿地和休闲公共服务设施形成的沿江生态休闲景观带。

根据上海市政府计划，"十二五"期间要完成园区开发的基本架构。在此，按照前文对世博资源的分类框架，对目前已开展主要工作与代表性事迹整理见表 4。

上海世博会后续效应转化的主要开展工作与代表性事迹　　　　　　　　　　　　表4

大类	小类	主要开展工作与代表性事迹
物质资源	世博园区、场馆及基础设施资源	（1）片区后续开发 ①A片区"绿谷"项目，建设中 ②B片区央企总部项目，13家央企签约入驻，建设中 ③B片区"世博酒店群"项目，包括两家五星级酒店和两家精品主题酒店，建设中 ④城市最佳实践区转化成集"文化交流、展览展示、创意创新、娱乐体验"于一体的开放式街区，已组织完成商业定位，编制完成修建性详细规划，处于招商入驻阶段 （2）一轴四馆后续利用 ①世博轴正在转化成为集交通、休闲、餐饮、娱乐、购物和展示为一体的地标性商业综合体：世博轴广场，拟2013年5月1日全面营业 ②中国馆转化成为中华艺术宫 ③主题馆之一城市未来馆转化成为上海当代艺术博物馆 ④世博中心转化成为上海会议中心 ⑤世博文化中心转化为梅赛德斯—奔驰文化中心 （3）其他场馆后续利用 ①通用汽车企业馆转化为上海少年儿童艺术剧场 ②沙特馆转化为"月亮船"旅游景点 ③意大利国家馆、法国馆、俄罗斯馆正在改造中 （4）地下空间 园区地下空间"统一规划、统一设计"原则进行
	世博科技资源	（1）上海后世博技术成果转化博览会 （2）2011年全国科技活动周暨上海科技节 （3）世博电动汽车在上海市内局部公交线路应用 （4）上海企业联合馆"温水发电"经上海国企转化为50kW的地热发电机组产品现出口日本
	世博人才资源	成立以原上海世博会事务协调局与上海世博会运营有限公司等机构人员为主体的市级开发主体——世博发展（集团）有限公司
非物质资源	世博理念	（1）上海世博会博物馆 （2）《上海市国民经济和社会发展第十二五规划》 （3）"酷中国—全民低碳行动"上海站活动 （4）嘉定"百万家庭低碳行垃圾分类要先行"主题宣传活动 （5）部分区域已与马德里合作共同建设公租房
	世博精神	弘扬志愿者精神：曹杨社区卫生服务中心推进世博后服务城市交通志愿工作；世界游泳锦标赛志愿者
	世博制度	（1）公安、城管、工商、文化、绿化市容、食药监、房管、规土等多部门"大联动、大联勤"的管理制度长效化、常态化 （2）"世博立法"的后世博城市法治化建设长效机制 （3）迎世博600天和世博会举办期间，上海市及各区县均设立"迎世博600天办公室"，统筹管理涉及世博所有问题，在城市管理等各方面取得良好效果。长宁区将其升级，设立"城区综合管理领导小组及其办公室"，形成长效机制
	世博文化	（1）后世博上海文化产业发展重点领域：①建筑设计；②影视广播；③创意产业；④数字化内容、网络和新媒体等；⑤艺术品与工艺品；⑥出版和版权开发；⑦演艺和娱乐；⑧会展服务 （2）世博文化中心2011年成功举办各种规模的演出活动共115场，引进流行音乐、高雅音乐、家庭秀、国际篮球赛、冰上演出、马戏杂技、演讲论坛、世界模特大赛等各项活动 （3）中国国家馆举办毕加索画展等
	世博活动论坛	（1）上海世博会纪念展 （2）上海世界生态城市论坛 （3）2012首届后世博促进企业发展高峰论坛 （4）上海旅游节，努力建设世界著名旅游城市
	世博关系网络	（1）后世博游，2011年全年上海入境游客人数突破800万人次，2011上半年，访抵上海的国际大型邮轮达到50艘次 （2）上海后世博研究中心民营企业发展推进委员会成立，首期聚集近500家上海本地、外地驻沪和外地中小企业加入 （3）上海后世博研究中心世博成果应用与推广委员会成立 （4）2011年2月上海公共外交协会成立，是中国内地首个公共外交协会 （5）梅赛德斯奔驰公司冠名世博文化中心 （6）长三角区域旅游发展规划编制 （7）世博科技成果三峡行
	世博服务	（1）静安区借鉴迎办世博标准，制订绿化市容、城管执法、环卫作业等规范性文件和规章制度，深化工作标准 （2）中国移动上海公司将世博会通信服务的各项成功经验和做法延展到世界游泳锦标赛的保障服务中，为中外选手和观众提供"世博级"的服务

资料来源：政府相关规划、文件及互联网采集整理

4 结论与讨论

我国正处于快速城市化时期，许多城市都制定了雄心勃勃的城市开发计划。这些项目往往呈现出高强度、大规模、高投入的特征。其中，以"事件（Event）"为推动力的城市发展与建设策略正成为一种当代城市积极的发展模式。法兰西规划学院（IFU）教授F.Ascher在对当代城市社会发展变化的分析中指出：这些大大小小的事件不仅是城市活力的指示器，而且反过来通过制造事件来影响城市的发展。重大事件已经成为城市经济发展新的"触媒"，这种"触媒"不是单一的"终级产品"，而是能够引发、刺激一系列"后续产品"的生产要素。

然而城市本身的发展犹如生命体的发展，有其内在的发展规律，城市的社会、经济和环境都存在一定的自组织的特征。但是，城市的自组织能力是有极限的，超越了城市自组织的重大挑战，城市就必须求助于理性科学的规划和设计。如何将城市内生性动力与外生性动力最完美地结合好，城市规划的创新能力决定城市发展方案的智慧质量。

综括全文，在认识到事件对城市发展具有积极影响的同时，也要注意到这一战略工具本身的局限性。科学把握"动因"和"结果"的辩证关系，才能深刻理解重大城市事件作为"优势生产要素"和城市规划作为有力"政策工具"的这一历史阶段。

参考文献

[1] 易晓峰，廖绮晶. 重大事件：提升城市竞争力的战略工具[J]. 规划师，2006（7）：12-15.

[2] 吴志强. 重大事件对城市规划学科发展的意义及启示[J]. 城市规划学刊，2008（6）：16-19.

[3] 荣玥芳，徐振明，郭思维. 城市事件触媒理论解读[J]. 华中建筑，2009（9）：79-81.

[4] 徐晶实. 以重大事件为触媒的城市复兴研究[D]. 中南大学硕士学位论文，2010.

[5] 范丽琴. 初探"城市重大事件"的概念和影响[J]. 科技信息，2007（21）：4-5.

[6] 杨剑龙. 上海世博会效应与上海的转型及发展[J]. 上海师范大学学报（哲学社会科学版），2011（1）：117-126.

[7] 曾军，李敏. 重大事件与城市的可持续发展问题——以上海世博会为中心[J]. 甘肃社会科学，2011（4）：142-146.

[8] 上海市人民政府发展研究中心. 世博资源及其后续效应利用的若干问题研究[R]. 2010.

[9] 上海市人民政府发展研究中心、上海市发展改革研究院. 发挥世博后续效应，加快经济发展转型[R]. 2010.

[10] 卓健. 事件：作为城市发展的战略工具及其局限性[J]. 北京规划建设，2009（2）：5-9.

北京奥运交通规划的历史经验
The History Experience of Beijing Olympic Transportation Planning

全永燊　马海红　姚广铮　孙福亮

Keywords：Beijing Olympics，transportation planning，key issues，historical experience

【摘要】北京奥运交通规划及实施过程中，涉及诸多关键问题的研究分析，本文总结提出了奥运交通规划四个方面的关键问题，包括需求预测过程中奥运需求与城市背景需求的兼容性与差异性的把握，交通规划的系统集成以及与外部规划的协调互动，对人流集散方案的仿真测试，对需求管理方案的有效性评估。同时对奥运交通规划全过程的研究技术创新进行了归纳总结。

【关键词】北京奥运　交通规划　关键问题　历史经验

Abstract：In Beijing Olympic transportation planning and implementation process，there are many key issues to study and analysis. This paper summarizes and put forwards key issues about four aspects of Olympic transportation planning，including the grasp of the compatibility and difference between Olympic traffic demand and city background traffic demand in demand forecast process，transportation planning system integration and coordinated development with external planning，the simulation and test of flow distribution scheme，assessing the validity of demand management plan.Meanwhile summarizing the technology innovations about the study of Olympic transportation planning.

作者：全永燊，北京交通发展研究中心，教授级高工
　　　马海红，北京交通发展研究中心，工程师
　　　姚广铮，北京交通发展研究中心，工程师
　　　孙福亮，北京交通发展研究中心，工程师

1 北京奥运会交通概况

1.1 北京奥运会

2008 年 8 月 8 日开幕的北京奥运会，共设 302 个比赛项目，204 个国家和地区的 10965 名运动员参加了北京奥运会。比赛在 36 座竞赛场馆内举行，其中北京市的竞赛场馆 31 座。北京奥运会成为奥运史上参赛国家（地区）和运动员最多的一届奥运会。85 位国家元首、政府首脑、王室成员出席了北京奥运会开幕式。北京奥运会观众达到 588.7 万人，日均 36.8 万人，创观众最多纪录。

1.2 北京奥运交通

奥运会申办初期，北京的交通问题一直是国际社会关注的热点之一。从 2001 年申奥成功至 2008 年奥运会残奥会举办，这 7 年间，为实现申办奥运交通承诺，北京交通全面践行"绿色奥运、科技奥运、人文奥运"理念，分析奥运交通需求、编制奥运交通规划、加快奥运交通建设、制订奥运交通政策、实施交通科技创新、评估奥运交通风险、落实奥运交通方案等，实现了北京奥运会、残奥会期间"交通安全顺畅，公共交通和城市货运保障有力，赛事交通与社会交通和谐运转"，受到了国际社会、各国运动员和广大北京市民的高度称赞。

1.3 北京奥运会总体评价

2008 年北京奥运会和残奥会达到了"让国际社会满

意、让各国运动员满意、让人民群众满意"的要求，国际奥委会主席罗格给予了"一届真正的无与伦比的奥运会"的高度赞誉。奥运会期间，北京实现了社会交通与奥运交通的和谐运转，给奥运会的成功举办留下了浓墨重彩的一笔。

2 奥运交通规划编制与实施过程中的几大关键问题

在北京奥运会交通规划编制过程中，规划师们遵循奥运交通的一般规律，并结合北京城市交通与奥运交通的实际需求，针对历届奥运交通规划及实施过程中未能突破的几大难题作了开创性的探索，颇有收获。

2.1 正确把握奥运交通需求与城市日常需求的差异性和兼容性

2.1.1 奥运交通需求与城市日常需求的差异性和兼容性

奥运会是一项国际性重大社会活动，其特定的交通需求必须得到全面满足。但是对于举办城市而言，它毕竟是城市发展进程中一个十分短暂的特殊事件。城市交通的战略目标和发展规划始终是以城市中长期发展目标为着眼点，以满足城市经济社会可持续发展和日常功能正常运转为主要任务。因此，制订奥运交通的对策与实施规划首先要研究奥运特定的交通需求与城市日常需求的差异性和可兼容性，在保证城市交通中长期可持续发展前提下，寻求最大限度地兼顾两种需求的解决方案，其关键在于对需求规律的把握。

奥运交通需求的特殊性易于理解和把握，而它与城市日常需求的可兼容性却往往被忽视，这也正是奥运后出现一些交通设施利用不充分的根源所在。因此，对于城市正

常发展需求和奥运临时需求既对立又兼顾的双重关系的把握，是决定奥运交通战略决策的基础。

2.1.2 奥运交通需求与城市日常需求特征的异同

在全面分析了北京奥运会期间城市日常交通需求及奥运交通的短期特殊需求之后，需要解决的一个问题是准确把握和处理两种需求的差异性与兼容性，以便能够在满足奥运交通保障要求的同时，最大限度地保持奥运会前后城市交通的持续和稳定发展。

北京奥运交通"以满足城市经济社会可持续发展中长期需求为目标，稳步推进城市综合交通基础设施建设的同时，兼顾奥运短期需求"的总体战略原则，正是基于奥运交通需求与城市交通需求存在兼容性这一基本认识。

尽管奥运需求存在许多有别于城市日常需求的显著特性，但与城市日常需求相比，其总量不大，而且其影响波及的区域也有限。

从图1中可看出，无论是全日出行量还是高峰小时出行量，奥运带来的短期需求只相当于城市日常需求量的4%~5%。不仅如此，在这一短期需求中，有近80%来自本地观众和志愿者、工作人员。与奥运会前相比，他们也只是改变了出行目的、方式和空间分布而已。

从图2可以看出，两种需求的时间分布看，奥运会的赛事交通需求与城市日常出行的高峰叠加效应并不明显，22：00~01：00以及13：00~15：00出现的两个小高峰恰恰正是日常交通需求的低谷时段。因此，无论在需求总量上，还是在需求时空分布特征上，城市交通背景需求与奥运交通需求都有很强的兼容性。

在看到奥运交通需求与城市交通背景需求兼容性的同时，必须认真分析二者的差异性，以便采取特殊的应对措施。在描述奥运需求的特性时，已经对二者的差异性作出明确阐述，概括起来，主要有三点：

第一，奥运交通需求的多层次差异和离散性特征比较

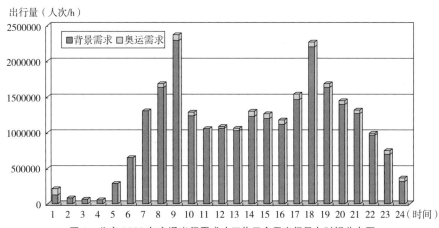

图1 北京2008年交通出行需求（工作日全天出行量）时间分布图

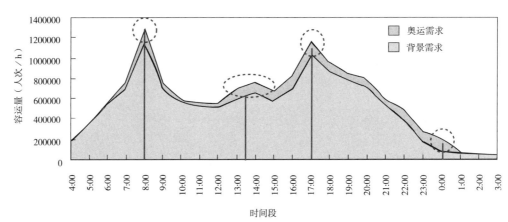

图2 奥运期间工作日公共交通需求和奥运需求叠加时间分布图

明显，奥运T1~T5群体①的出行不仅在目的、时空分布以及方式选择上有很大差异，而且在交通服务标准上也有严格的等级差别，夜间需求也大大高于城市日常需求。

第二，奥运需求的高度聚集特征是城市日常需求无法相比的。特别是奥运大型活动及赛事举办时，这种高度聚集客流尽管持续时间短并事先预知可控，但服务要求严格、涉及范围大，城市日常交通的常规服务方式难以应对。因此必须针对奥运需求的这一特殊性，采取不同于日常客流服务体制与运行模式的特殊运行组织方式以及专用的临时性服务系统。

第三，奥运交通出行的时间分布规律与日常城市出行规律也有差异，在日常出行峰谷奥运出行需求也有两个高峰，对于城市公共客运系统而言，需要在运输组织上作出

特别安排。

正确把握城市交通需求和奥运交通需求的关系是奥运交通规划、建设与运行管理正确决策的重要前提。只有正确认识并把握二者的关系，才能对奥运临时交通设施规划以及城市永久交通设施的关系有一清晰认识，在此基础上，为城市交通规划、建设、运行管理与服务作出正确的决策，使奥运会残奥会给北京留下更多的城市交通规划、建设、管理的宝贵财富。

2.2 处理好多层次、多目标规划的系统集成问题

2.2.1 奥运交通规划具有系统性

一个举办城市，从申办成功到奥运会的顺利举行，要

---

① 根据国际奥委会要求，在奥运会期间需要为不同群体提供不同等级的交通服务，共5个等级，分别为T1、T2、T3、T4、T5，详见下表。

交通类别	服务方式	服务对象
T1	固定车辆与驾驶员的专车服务，1人1车	•IOC主席、委员、荣誉委员、名誉委员 •国家（地区）奥委会主席、秘书长 •国际单项体育联合会主席、秘书长 •代表团团长 •国际贵宾 •TOP赞助商的全球总裁和CEO
T2	固定车辆与驾驶员的合乘服务，2人或多人合用1辆车	•国际单项体育联合会的技术代表 •国际奥委会医疗委员会 •世界反兴奋剂组织
T3	通用合乘车服务，分为即时和预定两种服务方式	•国际奥委会、国际单项体育联合会和国家（地区）奥委会等客人 •国际奥委会指定的人员
T4	专用班车	•运动员和随队官员、技术官员、注册媒体
T5	公共交通	•奥运会注册人群 •持票观众 •工作人员以及志愿者

经历长达七、八年的筹备过程，在这个过程中，交通规划是关系这一盛会成败的一项重要工作。从战略层面的交通行动纲领及战略规划、各交通系统运行规划到每一个场馆的交通运行计划，每个举办城市要研究和编制的交通规划有几十项之多。交通规划的编制和充实、完善工作贯穿于奥运筹备及整个赛事期间的全过程，不同阶段要做不同层次、针对不同具体目标和内容的规划。

根据往届奥运会交通规划工作的实际体验，最为棘手的问题并不在于各个单项规划本身，而在于如何处理它们之间的相互依存与制约关系以及它们与交通系统外部相关规划（例如场馆布局规划、安保系统规划、环境改善规划等）的制约反馈关系。

因此，奥运交通规划必须围绕赛事要求、安保系统等做好整合规划，使得各规划间相互协调、相互支撑，从而保证交通安全有序地运行、规范标准地服务。

2.2.2 奥运交通规划体系构成

奥运交通规划可分为战略目标层、总体规划层、城市基础交通规划层和奥运专项规划层四个层级，每个层级有各自的目标和定位（图3）。

（1）战略目标层是交通规划体系的最高层，它为其他三个层次的规划规定各自的目标、基本原则和应当包含的具体内容。

（2）总体规划层是以城市总体发展目标及城市综合交通规划为依据，制订奥运发展战略目标，提出实现战略目标的基本策略和各项战略任务实施进程与保障政策。

（3）城市基础交通规划层是根据上述两个层面提出的

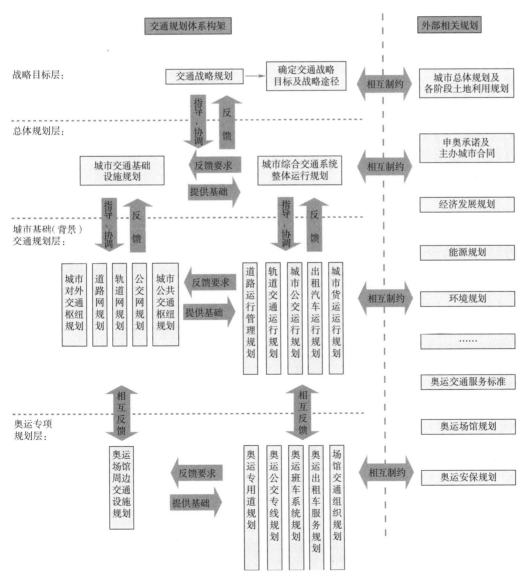

图3　北京奥运交通规划体系层次结构

总体目标和战略任务，着重研究城市日常运转的交通服务体系外延扩充和内涵改造的任务与实施途径，具体包括：城市交通基础设施规划和城市综合交通体系整体运行规划。这一功能层面是整个规划体系承上启下的重要环节，也是整个交通规划体系的核心部分。其中，城市交通基础设施规划是以满足城市可持续发展需求为前提，兼顾奥运需求而制订的城市骨干基础设施网络建设规划；城市综合交通系统整体运行规划以奥运期间可提供的基础设施为前提，合理配置和有效利用各项交通资源，建立一个满足赛时需求的高效运行系统。

（4）奥运专项规划层的规划同样分两部分内容：基础设施规划和交通运行规划。基础设施规划在奥运专项规划层主要包括奥运场馆周边交通设施规划，而交通运行规划在此层次包括奥运专用道规划、奥运公交专线规划、奥运班车系统规划、奥运出租车服务规划、场馆交通组织规划等。

四个规划层次由上至下，是逐级辖属的关系，下一层承应上一层次提出的要求，同时也要向上一层次提出反馈意见，作为上一层次规划调整、落实的依据。在同一层次上的多项规划也同样存在相互制约、相互反馈的关系。例如：在城市基础交通规划层次内，城市交通基础设施规划和城市综合交通系统整体运行规划共同构成了城市交通供给系统，并以满足交通需求为目的而相互依存。前者是后者的基础，在基础设施条件下建立的交通运行系统具备一定的能力，此能力如果仍不能满足交通需求就要重新研究交通基础设施规划的合理性，可能需要从建设项目的选择、建设时序安排等方面重新调整规划，或者对交通需求管理方案作出调整。同理，虽然交通需求管理的规划方案也是基础设施建设规划的依据条件之一，但在研究编制需求管理方案之后，也可能要对基础设施的规模提出修正，系统也要相应调整。此外，交通需求管理政策导致需求的结构、时空，甚至交通运行组织规划也要做相应调整，而这种调整又再次引起基础设施建设规划的相应更改。同一层次各项规划编制过程中，多重交互关系决定了整个规划编制过程是一个反复地相互反馈和迭代修正的流程。

战略目标层与总体规划层所包含的各项规划的这种制约与反馈的关系可能更为复杂，它更多地涉及交通规划与城市总体规划，以及已经纳入经济社会发展规划中的"十五"及"十一五"交通投资规划等外部规划之间的交互关系，影响范围大，协调难度也更大。比如，面对奥运交通需求与城市发展的背景需求双重叠加的特殊需求形势，交通发展与城市空间结构、功能布局之间的互动关系，就成了比以往任何时期都更为突出的一个关键，它既决定交通基础设施建设方向，也决定需要采取的交通政策利益

取向。只有十分谨慎、深入、细致地把握这种互动制约关系，在得到相关规划编制主管部门全力合作的前提下，才有可能完成这一层面规划编制的"反馈—修正—再反馈"的迭代流程。

奥运专项规划层各规划之间的关系与上述两层基本一致，奥运场馆周边设施规划为交通运行规划在场馆的衔接处提供设施基础，各项交通运行规划也对场馆周边的交通设施布局提出要求。

城市基础交通规划层的各项规划在编制过程中需要考虑奥运专项规划层，注重城市设施与奥运设施，城市运行与奥运运行的相互协调，奥运专项规划层在把握奥运需求方面更为细致，根据奥运相关的具体情况对城市基础交通规划层提出修正。

2.2.3　交通规划体系与外部相关规划的关系

在进行交通规划的同时，除了要重视交通规划体系内各子项规划的相互制约与依存关系之外，还要认真处理与外部系统的衔接、互馈、协调关系。交通规划体系与外部系统的联系是普遍的，覆盖各个层次的。

首先，交通发展是城市发展的重要组成部分，交通规划要服从城市发展的总体目标要求。城市总体规划及经济社会发展规划是交通规划的上位规划，不仅决定交通需求总量和特征，而且也决定交通供给能力及供给模式。因此，交通规划是以其上位规划为依据的。鉴于城市交通对城市发展的能动反作用，应重视交通规划对城市总体规划的反馈作用。

交通规划不仅与城市总体规划之间存在密切的相互制约、相互支持的关系，其他相关的规划之间同样也存在相互制约、相互支持的关系。如产业布局规划、能源规划、环境规划等。交通规划要符合其他规划中相关强制性内容要求，如在环境敏感地区限制交通基础设施建设等；同时，交通规划也要给其他规划提供支持，如改善交通结构，提倡公共交通出行有利于降低能源消耗、改善空气质量等。

奥运会的相关要求和规划与交通规划也有紧密联系，《申奥交通承诺》和《主办城市合同》中有很多关于交通的条款，《交通服务标准》中也对交通系统的指标提出了要求，这些都需要通过交通系统的规划实现。此外，很多其他奥运的规划也都与交通规划相互配合、相互衔接，如《奥运场馆建设总体规划》《奥运安保规划》《奥运场馆运行规划》《奥运服务规划》等，这些规划既是交通规划的基础依据，又都需要交通规划的支持。

综上所述，奥运交通规划体系不是一个孤立的封闭体系，在编制过程中要充分顾及它与外部规划的互动关系。

2.2.4　奥运交通规划系统集成

（1）系统集成的内涵

系统集成就是要明确各项规划的功能地位，界定各项规划的基本目标、编制的前提条件、实施保障条件，梳理各规划的衔接关系，明确各专项规划在规划体系中的层级，以及它们与交通系统外部相关规划的关系。在此基础上，建立高效有序的规划编制工作程序，并对各项规划的"输入"（依据条件）与"输出"（成果反馈）制订规范要求。北京奥运会在系统集成方面作了很多努力，为整个奥运会交通规划工作打下了坚实的基础。

（2）交通规划集成的必要性

奥运交通规划包含宏观、中观、微观三个层面数十个专项，每项规划的目标、功能地位、时空范围、规划依据条件、内容及成果要求都有很大差异，但这些专项规划之间却存在密切的制约关系，是一个不可分割的相互依存的整体。如何正确把握各专项规划之间以及它们与交通系统外部相关规划之间错综复杂的交互制约关系是困扰历届奥运会交通规划人员的一大难题。在认真总结以往经验的基础上，北京奥运会交通规划从交通规划系统集成入手，力图在破解这一难题上取得突破。

交通规划集成，一方面是基于对各项规划之间交互关系的认识；另一方面是出于规划编制程序的科学性及规划成果可实施性的考虑。历届奥运会交通规划的实践经验表明，忽视规划体系的客观存在，忽视构成这一体系的各专项规划在体系中的客观位置及相互之间的关联性，就无法准确地把握各项规划的功能目标及编制条件。如果规划定位不明确，各规划之间的衔接关系不清楚，各规划也不进行有效整合，势必导致各专项规划目标、策略原则乃至一些重大规划对策不一致，甚至相悖。如果下位规划不遵守上位规划提出的要求，存在的问题不及时向上位规划反馈，上位规划对下位规划存在的问题视而不见，平行规划之间的衔接错位等。这些难以避免的弊病不仅导致规划工作程序混乱、效果低下，而且影响规划的有效性和可实施性。

2.3　大规模、高强度人流集散对策

历届奥运会交通系统面临的首要难题是如何有效实施高强度人流集散管理。受时空条件的严格限制，相对于人群的聚集管理而言，疏散管理难度更大，风险也更高。因此，历届奥运会都把场馆瞬发高强度人群疏散作为交通运行组织规划的一个重点。奥运会开幕式不仅是人流集散量最大，而且集散群体构成复杂，不同群体集散时间、路线、方式均有特定的要求，因此，集散组织最为复杂。制订人群集散规划和实施方案，不仅需要反复滚动核实优化进场各类群体的人数、在场内的位置分布、退场次序、退场路径、离场后的流向分布以及交通方式，而且要分析掌握不同时空环境条件下人群集散的行为特征以及各类风险因素对集散程序和效率的影响规律。

北京奥运会对开闭幕式人群疏散时间在满足国际奥委会一般要求的基础上作出不超过 120min 的承诺，而开幕式实际疏散 10 万人仅用时 75min，创下了历届奥运会开幕式人群疏散时间最短、最为有序的新纪录。

北京奥运会在大规模高强度人群集散管理上的成功经验，不仅在于科学、周密的规划以及各类疏导技术手段的应用，更重要的是采取了人群集散实时动态仿真技术对实施方案的有效性、可靠性及可能存在的风险进行事先评估，并通过一系列的现场演练测试进行方案校验和修正。在人群集散组织规划中，运用动态仿真技术的一大难点在于集散活动规律分析和行为特征参数的标定。

2.3.1　大规模人流集散动态仿真技术应用

奥运观众的集散具有高强度、突发性特征，为保障奥运场馆运行的安全、有序、顺畅，必须进行缜密的场馆人流组织规划。为确保规划方案实施的有效性和可靠性，降低运行风险，每一个场馆的交通运行规划方案都要运用动态仿真模型进行事前评估。而且还须针对赛程调整对运行组织方案不断进行相应修订，同时对安检规划及场馆交通设施规划必要的修正反馈意见。

北京通过行人交通仿真技术，对有关的营运计划或交通组织方案进行评估，降低奥运交通风险，减少大规模演练的费用，为制定合理可行的奥运会交通组织方案、预案提供支持。此外，国际上先进的行人交通仿真模型并不能直接使用，最关键的技术难题是对我国行人交通特性的捕捉和分析，只有解决这一难题才能准确地进行人流仿真和组织方案优化工作。北京在奥运人流集散仿真技术上的主要技术创新点包括：

（1）根据大型活动特点，分别针对集中进场和陆续进场的活动，构建了行人集散模型，并通过 Gini-Simpson 系数和 Gini 集中度指标进行集散过程评价，为分析行人时间集中程度提供量化指标。

（2）中国行人交通流特性：基于各种类型场地条件下的实测数据，建立了场地条件、性别、结伴、行走目的等多种因素对速度的影响关系；研究了行人交通流的速度、流量、密度三要素之间的关系，构建了行人交通流模型；通过交通流模型分析、行人时空消耗原理，计算了常规行人设施及安检等排队通道的通行能力；根据中国行人交通流特性，以中国行人拥挤感受阈值为划分标准，制定了兼顾交通流特性和使用者主体需求的服务水平等级划分方法，并提出了相关的应用指标，为大型活动的组织方案设计提供理论依据。

（3）在分析大型活动行人路径选择和拥挤状态下的行人交通行为的基础上，基于 Logit 模型构建拥挤状态行人

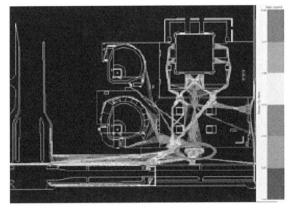 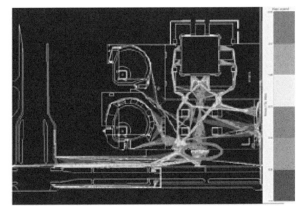

| 行人组织原方案 | 优化后行人组织方案 |

图4 北京奥运会五棵松篮球馆行人仿真研究

行为（拥挤阈值、拥挤感受、反应和动作）模型及路径、目的地选择模型。

（4）针对拥挤人群的特点，用有序度和熵做为评价指标，提出了大型活动的行人规划组织方法。

2.3.2 人流集散动态仿真示例

（1）五棵松场馆人群集散组织规划评估

针对五棵松场馆区的内、外部交通条件，进行散场行人交通行为分析及主场地位置方案、座位设计及组织方案决策。分析假设条件为三个场馆同时散场时的最不利情形。依据资料为北京奥组委工程部提供的场馆平面图及外围交通设施初步规划图。重点考虑内部交通组织和管理，兼顾外部、内外之间不同方式交通的衔接、匹配。

构建了三组仿真模型，主要针对场馆出入口及座位安排、行人疏散流线组织、场馆布局三方面的可选方案进行了对比分析，以期通过仿真结果对比各方案的差异。为最终的场馆建设及赛时行人疏散组织提供决策依据。

通过行人仿真研究，便不难发现方案中的隐患（图4）。例如，发现初始方案南侧安检口压力过大，安检口又无足够的缓冲区，高峰时段不仅人群密度较大，同时又有流线交织冲突，存在严重的安全隐患，而东侧安检口密度较低。为此调整了奥运公交专线和地铁的运营组织方案，将大部分奥运公交专线上下车点调整至东侧安检口两侧，同时引导乘坐地铁的观众提前一站下车步行至东侧安检口，平衡两个安检口的观众数量。

2008 年 8 月 15 日，实际调查五棵松篮球馆观众退场疏散时间为 29 分钟，仿真疏散时间为 26 分钟，比实际结束时间 18：30 提前 10 分钟（图5、图6）。

（2）开幕式疏散方案评估

国家体育场开幕式散场阶段，除了注册贵宾、媒体外，共有约 6 万名观众观看开幕式，其中 1000 名为运动员，

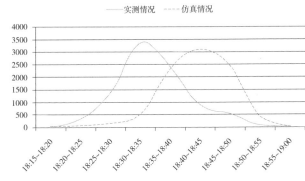

图5 实际散场时间与仿真时间对比

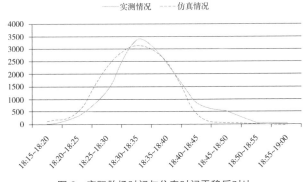

图6 实际散场时间与仿真时间平移后对比

另有 5.9 万名持票观众。主要从场馆的北侧、东侧和南侧进行疏散。由于建筑结构设计和贵宾区域控制的原因，观众散场时容易发生局部拥堵，特别是在 5、6 层大厅和上层看台。

以五层平台为例，散场期间，部分 6 层观众加入 5 层观众的散场人流，加大了 5 层大厅压力，受西侧散场平台通道瓶颈限制，观众在西侧向南北散场的通道内人流密度高，持续时间长，安全隐患较大（图7）。

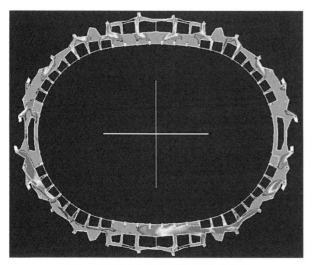

图7　五层观众自然散场累计最大密度图

因此建议，在看台出口和楼梯入口进行流量控制，加强大厅内对观众向南北方向的引导，加强对6层大厅4个立面大楼梯入口流量控制。

根据以上分析可以看出，五层平台散场期间，局部区域密度较大，存在安全隐患，因而有必要对不同的组织方案再次进行测试，对其结果进行比较，为制定最佳的组织方案提供依据。测试方案主要有以下三种：

①方案一：自然散场。

②方案二：引导＋看台出口控制措施。

③方案三：8千人团体购票观众（坐在西侧上层看台），5层、6层观众分批次散场。

三种方案仿真效果如图所示，仿真结果对比如下：

①方案一：自然散场。

出现区域性高密度较长持续时间的状态，存在较大安全隐患（图8）。

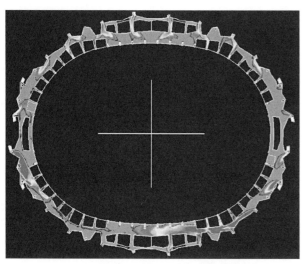

图8　五层观众三种组织方案仿真效果组图

②方案二：引导＋看台出口控制措施。

观众高密度集聚时间缩短了5~10分钟，总散场时间持续约40分钟，略有加长，但提高了散场的秩序，有效降低了观众散场速度，缓解了主体建筑内部和外围的观众散场压力（图9）。

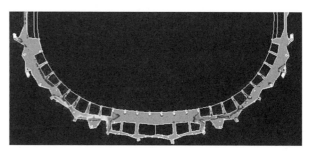

图9　五层观众三种组织方案仿真效果组图

③方案三：8千人团体购票观众（坐在西侧上层看台），5层、6层观众分批次散场。

基本消除了观众长时间集聚的情况，降低了散场拥挤风险、提高了团体购票观众散场的舒适程度（图10）。

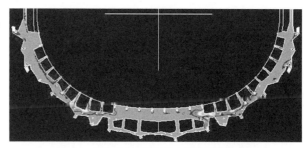

图10　五层观众三种组织方案仿真效果组图

根据仿真和实际组织条件，找到不同组织方案条件下的疏散情况，提出有关工作建议。

因此，为解决以上问题，应遵循下列原则形成有序的散场方案：

①分区设置管理人员，引导观众就近散场，避免流线交叉。

②逐级控制、定点组织，便于管理、消除隐患。

③分批次散场，缓解散场压力。

按照上述原则，采取相应管理措施：

①预先发放观众退场须知（执行）。

②通过广播、大屏幕和现场志愿者加强看台引导和安抚观众情绪，告知老弱病残孕幼观众稍后退场。

③在5层大厅加强向南北引导观众。

④在看台出口和楼梯入口控制观众散场速度。

⑤上层西侧8000人团体购票观众与座席区分时散场，

推迟约15分钟后开始散场，并且根据疏散效果，提出服务人员岗位分布。

在国家体育场开幕式期间，以上措施基本得到了应用与借鉴。

2.4 交通需求管理方案的有效性与可实施性的科学评估

2.4.1 需求管理力度的把握

制定不同形式的交通需求管理方案，以期最大限度压缩赛时道路网交通负荷是历届奥运会无一例外采取的通常做法。毋庸置疑，为应对奥运期间附加的各类复杂、高强度的特殊交通需求，制订交通需求管理政策和实施方案是必要的，但问题在于无论是需求管理政策，还是具体的实施方案，如何在事前对其有效性与可实施性（包括实施后的负面影响）做出科学的评估。只有在科学评估的基础上才能准确把握各类不同管理对策的优先等级以及组合关系。不论是单项管理方案，还是组合的"一揽子"方案，都涉及需求管理力度与可操作性的把握和利弊权衡。

纵观历届奥运会交通需求管理对策方案的制订背景与实施效果，不难看出共同的困惑在于需求管理对策的着眼点究竟放在哪里？是否一定要以大幅度压缩城市日常交通需求（例如鼓励或强制市民休假）为代价，为奥运短时需求让路？实际上，任何一种需求管理政策的实施，不仅关系到不同社会群体的利益，而且对城市正常运行及可持续发展不无深刻影响。显然，我们的战略着眼点不应只局限于奥运期间的交通供需平衡关系，而是应该着眼于需求管理的长效性及可持续性。问题的突破点恰恰是前面所述的有关两种需求差异性和可兼容性的正确把握。北京奥运会在制定单双号限行方案的过程中，对社会公众的承受能力做出认真评估，细致、缜密地调查市民的各类出行需求，同时又以公共客运系统支撑能力评估为基础，确定出行结构调整的可能幅度，并有针对性地采取了多项人性化措施，包括：允许有特殊需求的车主申请更换牌照；设置限行缓冲时段；免征车船税和养路费；发放货运特许通行证等等。同时在需求管理方案实施之前，对各项必要的支持条件和保障措施逐一落实。

2.4.2 仿真模型的建立

基于奥运交通系统的特殊性和复杂性，同时考虑到国内对于如此大规模国际赛事的交通组织相对缺乏经验，需要应用科技手段，建立仿真模型，对奥运期间的各种交通管控措施有效性和可实施性进行全面评估测试，据此不断优化方案并提出方案实施的措施。

在总结国际奥运交通经验、我国大型活动交通需求预测经验，以及北京奥运交通分析的基础上，利用宏观交通仿真工具——VISUM搭建基于活动链的北京市六环内主要道路网络的仿真平台；根据需求分析结果，进行奥运期间交通仿真模拟，预测分析奥运交通需求管理方案的实施效果；最后，在考虑现实条件的前提下，尤其是北京市既有公共客运服务系统的支持能力，路网条件和交通组织管理能力，针对仿真分析的结果，提出奥运交通需求管理的优化方案。模型搭建的技术路线如图11所示。

依据仿真模型，选取出行总量、出行结构、公共交通客运量、道路网络负荷度、各等级道路负荷度作为评价指标，具体量化分析奥运交通需求管理的实施效果。

2.4.3 交通需求管理方案预评估结果

基于北京市奥运交通仿真模型，针对北京市奥运交通需求管理"一揽子"措施实施效果进行仿真模拟，得到以下主要结果：

（1）出行总量

通过采取交通需求管理措施，六环路以内工作日出行总量为3125万人次，除去步行总出行量为2506万人次。和采取措施之前相比，总出行量减少300万人次（图12）。

（2）出行结构特征

采取措施后公共交通（轨道交通、公共电汽车）出行比例将从实施前的35%提高到45.7%，公共交通日客运量将达到1863万人次。其中，公共（电）汽车承担1478万人次的客运量，轨道交通将承担385万人次客运量。出租汽车出行比重也有所增加，日出行量增加50万人次，达到每天客运量242万人次。小汽车出行量相应减少394万人次／日，乘载率由方案实施前的1.26提高到实施后的1.59（图13）。

实施 TDM 措施前后各种交通方式
的出行总量对比   表1

交通方式	日出行量（万人次／日）	
	措施前	措施后
小汽车	852	458
公共交通	890	1143
出租车	188	242
班车	51	74
自行车	562	589

（3）公共交通客运量

采取机动车单双号限行措施后，机动车方式的出行会向其他方式转移，奥运期间公共交通客运量在2007年常规出行需求的基础上将增加465万人次／日，由公共汽

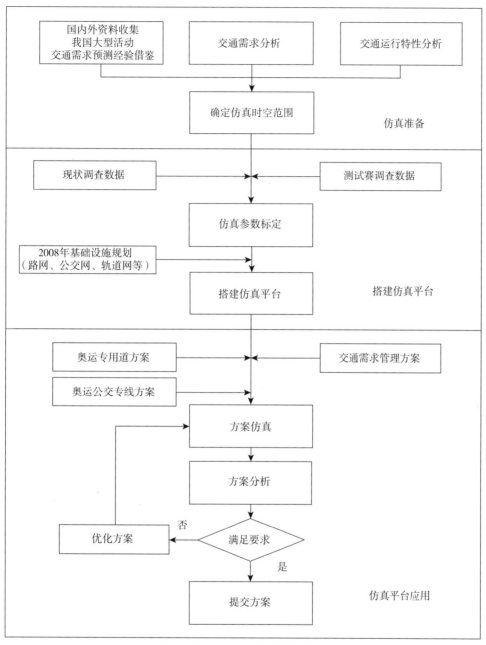

图 11　北京奥运仿真模型技术路线图

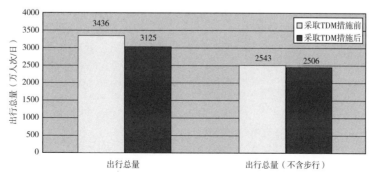

图 12　TDM 措施前后出行总量对比

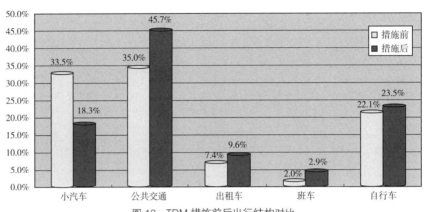

图 13 TDM 措施前后出行结构对比

（电）车、轨道交通和出租汽车共同承担，各方式分担情况如下：

①公共汽（电）车新增客运量 280 万人次，含观众、工作人员、志愿者客运需求 105 万人次。

②轨道交通新增客运量 110 万，含观众、工作人员、志愿者客运需求 45 万人次。

③出租汽车新增客运量 75 万人次。

（4）交通运行状况分析

实施奥运需求管理措施后，北京市早高峰（8~9 点）快速路和主干路的平均负荷在 0.6 左右，但仍有部分路段存在拥堵现象，如八达岭高速五环路以外部分区段、京开高速进三环部分区段、新街口南大街部分区段。

不同路段道路负荷表　　　　　表 2

快速路、主干路负荷	路段长度所占比例（%）
vc ≥ 1	4
0.8 ≤ vc<1	22
0.5 ≤ vc<0.8	53
vc<0.5	21

①快速路平均车速 40km/h 左右，主干路平均车速 25km/h 左右。

②轨道交通得到有效利用，承担了公共交通 35% 的客运量，地铁 1 号线和 5 号线的最大断面流量达到 32000 人／小时左右，其运能基本能够满足奥运需求。

可见，在需求管理措施有效实施的情况下，交通运行状况良好，能够满足奥运交通要求（图 14~ 图 17）。

（5）实际运行效果

通过交通需求管理，奥运会期间道路运行状况良好。

奥运期间交通运行状况与
方案测试结果对比　　　　　　表 3

	预计效果	实际效果
主干道流量	下降 26%	下降 23%
主干道以上速度	提高 40%	提高 32%

如上表所示，奥运期间道路的实际运行速度与方案测试的结果基本相吻合。

2.4.4　交通需求管理预评估建议

通过测试评估，不仅在几个比选方案中筛选出理想方

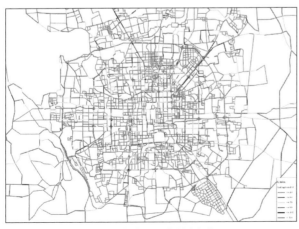

图 14　早高峰 8~9 点道路负荷图

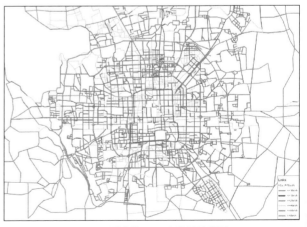

图 15　早高峰 8~9 点道路速度图

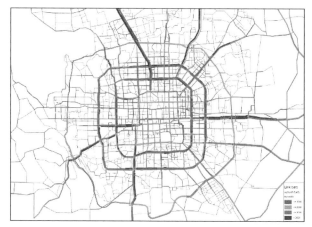

图 16　早高峰 8~9 点道路流量图

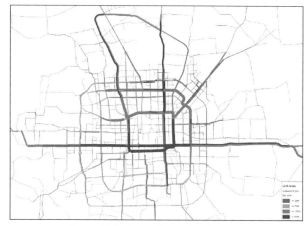

图 17　早高峰 8~9 点公共交通客运量图

案，而且对方案实施提出重要建议。

（1）北京奥运交通需求管理措施涉及面广，且单双号等措施又是首次大规模实施，对市民的正常生活会造成一定的影响，建议相关部门提早宣传引导，积极争取市民的理解和支持。

（2）根据模型分析，实施了机动车单双号等交通需求管理措施后，公共交通的出行比例将达到 45%，较实施前每日增加 412 万人次的客运量。因此建议相关部门应该制订切实可行的地面公交、地铁和出租汽车的运力保障方案，保证公共交通运力满足新增需求。

（3）模型结果显示，实施交通需求管理措施后，早高峰仍有部分路段道路负荷度较高，如八达岭高速五环路以外部分区段、京开高速路进三环路部分区段、新街口南大街等部分点段。建议相关部门制订相应的交通管理和疏导措施，保障全市路网运行畅通。

3　奥运交通规划的主要创新成果

3.1　规划系统集成技术创新

3.1.1　关键技术难题

奥运交通规划从总体规划到各专项规划，贯穿于奥运筹备的各阶段。为实现奥运交通规划与城市交通总体发展战略相一致的目标，避免由于相互衔接关系不清、互相冲突而造成的内部资源消耗和外部环境影响，需要梳理各类规划间的关联和制约关系，主要技术难点是如下两类问题：

（1）分析和处理奥运交通系统内部规划的制约与相互反馈关系。

（2）分析和处理奥运交通系统规划与外部规划的制约与相互反馈关系。

3.1.2　主要技术创新点

（1）交通规划体系内部结构及系统集成技术

通过设定包括目标层、总体规划层、具体分项层和奥运专项层的科学规划体系，实现从总体到局部、从宏观到微观，各层次间和层次内部相互依存，相互制约，相互反馈，形成了一个完整的多层次规划体系，避免了各项交通规划互不衔接、相互矛盾的局面。北京奥运会总结历届奥运会交通规划的经验教训，站在系统规划的高度进行综合交通体系规划，这是带有开创性的探索，是本届奥运会对交通规划体系的贡献。

（2）交通规划体系与外部规划体系的衔接与整合技术

奥运交通规划体系不是一个孤立的封闭体系，编制过程中要充分顾及它与外部规划的互动关系。北京奥运交通规划提出了交通规划体系与其他规划的外部集成技术的内涵和体系方法，在进行交通规划的同时，考虑与外部系统规划（如城市规划、经济发展规划、能源规划、环境规划等）的关联关系，发挥"1+1>2"的共赢效益。

3.2　规划与管理方案优化评估技术创新

由于大部分的规划与管理方案无法在实际交通系统中测试演练，在信息化、智能化的评估技术出现之前，对于规划与管理方案评估主要依靠经验和传统的实施效果评价方法，一般是宏观评价，无法满足奥运会项目评价的要求。为解决规划与管理方案无法预评估或者测试演练费用太大的难题，北京市针对奥运会开展了奥运会和大型活动的交通模型和仿真技术研发，在国内尚属首例。

主要技术创新点：

（1）提出了大型活动交通需求的叠加分析法

我国首次取得奥运会的举办权，对如此大型活动的交通需求分析尚缺少经验数据。通过总结分析近几届奥运会交通需求预测的经验，提出了一套背景需求加赛事需求的叠加分析法。并且考虑不同群体的出行特征，在需求叠加运用中，并不是简单的加合，而是充分分析了两部分需求的相互影响和修正。

（2）基于活动链的城市背景交通模型

在城市背景交通模型建模中，运用了目前国际上比较先进的活动链理论。结合北京出行特征分析，建立了包括64类行为链的需求分析模型。活动链描述了一个人在一天24小时中所有的行为，以及各行为在时间上和空间上的相互关联性，以及使用交通方式的连贯性，从而更真实地模拟人们的出行需求。

（3）基于活动地点链的奥运运行模型

充分分析奥运需求的特殊性，提出了基于活动地点链的奥运需求分析方法。奥运行为的活动地点包括家、宾馆、工作地、车站机场和赛场。以赛程的时间安排为主线，以活动链的理念对这些活动地点的相互关联性进行分析，进而分析奥运需求。

（4）研发建立了适用不同功能层次规划与管理对策方案评估的模型体系与测试平台

以奥运为契机，针对城市交通规划体系中各功能层次规划编制以及各项政策与管理对策方案评估的实际需要，建立了宏观—中观—微观分析与静态分析—动态仿真多层次、多功能相互嵌套的模型体系，成功地用于从中长期交通发展战略规划到场馆交通运行规划各个层次规划的评估和优化工作。并根据需要建立了动态仿真测试平台，用于奥运会开闭幕式运行方案、奥运公交专线规划方案以及需求管理"一揽子"实施方案等专项方案的测试，实现了规划与管理方案的低成本、智能化预评估，既节约了时间和资金成本，又提高了科学性和可信度。

全球性大事件对大都市流动空间的影响研究[①]
——以北京奥运会为例

The Impacts of Global Mega-events on Metropolitan Space of Flows
——As 2008 Beijing Olympic Games for Example

陆枭麟　张京祥

【摘要】在全球化营造的快速流动的空间中，大事件是有效提升城市竞争力的手段之一。大事件与流动空间存在广泛而深入的相互影响，大事件能够促进流动空间向场所空间转化。全球性大事件对大都市流动空间的作用特征为：以要素吸引为目标的时滞效应、以流量拓展为战略的冲击效应、以配套扩容为主体的物质重组和以功能更新为主导的功能演替。本文以2008年北京奥运会为实证分析案例研究得到：北京奥运会对人流产生了"低谷"效应、诱发资金流产生"井喷"效应，并对流动空间的线状、面状网络系统及功能区产生了全面的更新和演替。最后，本文提出了匹配性举办、选择性吸引、系统性配套的大事件举办建议。

【关键词】全球性大事件　大都市流动空间　北京奥运会

Abstract：In the space of flows under the depth impact of globalization，Mega-events are one mean of Urban Development booster to enhance urban competitiveness. There is an intensive and extensive interaction between mega-events and space of flows. Mega-events can promote transformation of space of places to space of flows. The article summarizes four major characteristics of the impacts of global mega-events on metropolitan space of flows：Time lag effects on attracting flows factors of space of flows；Knock-on Effects on expanding flow of space of flows；Physical reorganization of expanding supporting system of space of flows；Functional evolution of function updating of space of flows. As the 2008 Beijing Olympic Games for empirical study，the following conclusions are：there is a 'valley effect' on the person flows and there is a 'blowout effect' on the capital flows after the Beijing Olympic Games. At the same time，Mega-events can renewal the linear network and planar network which are the support systems of the metropolitan space of flows. Finally，the article gives some advices about how to hold mega-events，such as match held，selective attraction and systematically supporting.

Keywords：global mega-events，metropolitan space of flows，2008 Beijing Olympic Games

1　引言

全球化在世界各领域所引起的变革重构了当今世界城市的发展环境，全球资本进入一个快速、跨界的流动与重组中，一个扁平化、网络化的竞争世界正在形成。在全球范围内，以信息技术为基础，由生产、分配体系变化所产生的人流、物流、技术流、资金流等要素在全球尺度上快速流动，并由此构成了独特的流动空间（space of flows）[②]，并使得空间的逻辑也发生了变化：即从场所空间（space of places）转化为流动空间。流动空间开始成为社会支配权力与功能

作者：陆枭麟，硕士，现就职于江苏省城市规划设计研究院城市与交通规划所

张京祥，南京大学城市规划系教授，博士研究生导师

①　本文为国家自然科学基金课题《城市大事件营销的地域空间效应研究》（No.40871077）及教育部新世纪优秀人才项目（NCET-07-0432）成果。

②　本文认为流动空间是围绕人流、物流、资金流、技术流和信息流等要素流动而构建的空间，快速交通网络与信息联通网络，以及由流动而产生的特殊功能区是其主要的物质支撑。

的空间展现[1]。流动空间促进了世界城市体系的快速更新——任何区域、城市将不再是孤立的，高端的生产要素和组织形式将得到重新分配，城市或区域之间的竞争将愈发激烈。

城市综合竞争力的提升成为全球化时代大都市发展的重要命题。一方面，从城市内部而言，城市不断挖掘自身潜力，提升城市经济、文化、政治实力；另一方面，城市也积极借助外部机遇与力量带动并实现跨越式发展。"大事件"作为一种源自城市外部而作用于城市内部的积极助推手段，不仅可以将全球目光集中于大都市自身，还可以使大都市内部发生短暂、有效的"化学反应"。因而，奥运会、世博会等全球性大事件已逐渐成为全球竞争环境中世界各大都市间竞争的重要目标。

在全球化营造的快速流动的空间中，大事件被视为有效提升城市竞争力的重要工具之一。大事件通过各种要素流与流动空间产生了持续而深入的相互影响，这种影响的机制与方式究竟是如何实现的，具体影响力的大小如何体现，在流动空间支配的空间中大事件如何举办，这些都是非常值得我们关注的问题。本文将结合北京奥运会的案例，对此进行一个初步的分析。

2 全球性大事件与大都市流动空间

2.1 事件与空间的相互关系

2.1.1 空间（space）理解的演化：从物质层面理解到政治经济学分析

人类历史上对于空间及其空间观念的理解一直处于不断变化之中。正如福柯所言，20世纪之前的几个世纪，空间被当成死寂的、固着的、非辨证的、僵滞的[2]。而且在相当长的一段时期里，空间仅仅被视为社会关系与社会过程运行其间的、自然的、既定的处所。建筑师将空间视作一个没有差别的物理存在，是一个容器和平台，是附属于时间的因素，是时间的延续和外在表现。进入20世纪下半期，哲学社会科学呈现出整体性的"空间转向"，空间概念与时间概念并驾齐驱，列斐伏尔认为空间本身就与生产直接相关，空间是政治经济的产物，是被生产之物，空间不是社会关系演变的容器，而是社会的产物[3]。20世纪90年代全球化开始深入影响全球空间，以人流、物流、资金流、信心流及技术流的快速流动为特征，流动空间成为全球化空间的特殊形式。

2.1.2 事件（event）概念的解析：促使空间（space）向场所（place）①转变的纽带

在中国的语言体系中，事件的本身意不仅可以指代普通的自然事件，也可以表征社会事件，事件的引申意则多指代重要的社会事件。事件具有一定的人为参与性，并与特定的目的相结合。本文认为事件是指在特定时空关系中发生的人们围绕一定目标的社会行为集合。事件在人为因素的作用下能够引起空间内部要素相互作用，并促使空间向场所转化（place）[4]。

2.1.3 事件与空间关系辨析

伴随对空间概念理解的演变，人们对事件与空间关系的认识也处在不断变化之中。在对物质空间认识阶段，建筑师将建筑空间与事件相结合是为了摆脱传统建筑设计对"形式主义"的盲目追求，以便全面考察事件记忆在建筑空间文化意义中所承载的内容。在都市空间研究阶段，事件被视作完成空间生产的对象和手段之一，并被认为能够实现资本增值乃至规避经济衰退。在全球化空间的时代，事件被认为是一种对流动的资本增强"粘性"的方法，并引发城市、区域流动空间的快速演化。

2.2 大事件与流动空间的相互关系

2.2.1 全球化是大事件与流动空间共同的作用语境（discourse）

全球化是当今世界经济发展、社会进步所面临的最重要的背景因素，也是全球范围内城市与区域发展面对的共同作用语境（discourse）。对于大事件与流动空间而言，全球化毫无疑问是两者产生、运行的重要推动力量，同时也应当成为分析两者相互关系的理论出发点。

对空间认识的三个阶段表　　　　　　　　　　　　　　　　　表1

认识阶段	研究对象	研究重点	代表人物
物质空间的简单理解阶段	"建筑空间"	物质性	笛卡尔、柯布西耶
空间社会属性揭露阶段	"都市空间"	社会空间统一体	列斐伏尔、福柯
"流动空间"探索阶段	"全球化空间"	网络社会，各种"流"	卡斯特斯、苏贾

---

① 奥罗姆与陈向明认为场所是一定空间中人们有规律地工作和生活的具体位置。参见奥罗姆、陈向明. 城市的世界——对地点的比较分析和历史分析［M］. 上海，上海人民出版社，2005.

2.2.2　大事件是流动空间的外部影响因素

从大事件的特点上看，大事件是一种人为安排的社会活动，它具有较强的目的性，大事件可以看作是从城市外围人为输入从而对城市内部发生作用的过程。而流动空间形成于全球各个城市的联系之中，它作用于城市内部，影响广泛而深入。大事件可以被视作流动空间的外部影响因素。

2.2.3　流动空间是大事件高效运营的载体

大事件从开始筹备期到发生运行期，再到大事件的后续效应期，都与密切的媒体信息流、高强度的人流、持续的资金流等息息相关。流动空间能够为大事件的举办、运行提供大量、便捷的要素流动性，提升大事件运营效率。

2.2.4　大事件促使流动空间与场所空间发生转化

大事件不仅是一剂有力的"粘性剂"，将广泛在全球自由流动的大量人流、物流、资金流、信息流等在大事件整个时期强有力地吸引或附着于大事件举办的场所，并促使这些流动要素进行相互作用，深刻改变着举办地点的性质及意义。大事件也是有效的"转化剂"，能够促使举办地点成为人们参观、游憩、休闲乃至工作的场所，推动流动空间向场所空间转化。

2.3　全球性大事件对大都市流动空间作用的总体特征

2.3.1　以要素吸引为目标对流动要素产生时滞效应

全球性大事件对各类流动要素具有强大的号召力与容纳能力，能对流动要素产生牵制性，并能够对流动要素产生明显的"吸引与停滞"效果。

全球性大事件对流动要素产生的吸引力是全方位的。全球性大事件可以在较短时间内同时吸纳来自世界各个不同地域的流动要素，具备对多个来源地的要素与多种类别的要素同时吸引的能力；全球性大事件能够将流动要素长期停滞，并能引发要素与要素之间，乃至要素与所在城市区域之间发生强烈的相互作用，进而深远地影响城市或区域的发展，推动城市在全球城市体系中的地位跃升。

2.3.2　以流量拓展为战略对流动空间产生冲击效应

流量拓展是全球性大事件对流动空间作用的主要方式之一。从数量上看，全球性大事件能够吸引来数倍于举办地城市通常承载的各类要素流量，从而对整个举办城市产生明显的冲击效应。例如 1988 年汉城奥运会年当中，全球性大事件共吸引游人数高达 234 万人，并带来了 4.34 亿美元的外汇收入，一举带动了韩国经济的全面起飞，使得汉城（首尔）在奥运会前两年的时间里，GDP 呈现高速增长的趋势，年平均增长速度超过 10%。

从速度上看，全球性大事件随着事件的筹备、举办、

大量人流、物流、资金流和信息流等流动要素快速地注入举办城市，在大事件结束后又快速地衰落，整个过程一般在数年之内，甚至更短。整体上分析，要素流动的速度基本与大事件效应发挥的起落过程相吻合。

2.3.3　以配套扩容为主体的流动空间物质重组

全球性大事件对各类支撑流动要素的物质网络具有更新或完善的作用。全球性大事件能够引发设施新建，如引发大量场馆的新建，促进配套市政设施与公共服务设施的补充，并引起信息通讯网络的升级等。全球性大事件也会加速举办地点已有设施的更新，道路的扩容、改造。例如 1992 年巴塞罗那奥运会，在公共和私人共同投资下，大量比赛场馆、公寓、酒店、商业中心和收费公路得以新建，奥运会极大地促进了巴塞罗那的城市改造和建设。

2.3.4　以功能更新为主导的流动空间功能演替

全球性大事件促进了大都市流动空间中功能性区域的形成，如综合交通枢纽区、新兴产业空间、新公共空间等。为应对大事件引起全球范围内的各类流动要素，大事件的举办城市往往需要新建或扩建综合交通枢纽，以解决不同要素相互接驳的问题。例如，上海为迎接 2010 年世博会，将虹桥枢纽打造成为航空、高铁、地铁、公交一体化接驳的巨型交通枢纽。伦敦也为奥运会建造了便利的国际交通枢纽以吸引人气。另外，全球性大事件产生的流动要素在特定地点持续而深入地作用后，也能形成功能性区域。如举办大事件的公共空间、容纳游览人口的居住空间以及新兴的产业空间等。以伦敦奥运会为例，举办奥运会的伦敦东区下利河谷，原本是一个残破穷困的贫民工业区，经过规划改造后，成为泰晤士河地区附近新的优质公共空间。

3　研究案例及研究方法

3.1　北京奥运会作为全球性大事件的结构特征

2008 年北京奥运会即第二十九届夏季奥林匹克运动会是在中国改革开放近 30 年时，举全国之力举办的大型盛会。北京奥运会作为典型的全球性大事件在组织结构、运营方式方面呈现出如下特征。

3.1.1　组织形式：政府绝对控制下的主导开发模式

不同于国外由非政府组织申办、运营的大事件，北京奥运会是典型的政府牵头组织、实施的全球性大事件。政府在大事件的筹备、举办过程中不仅扮演着组织者、协调者的角色，而且还需要完成监督者、出资者的任务。例如"奥运 08 办"是组织北京奥运会最为重要的机构之一，该机构是在市政府领导下，负责指挥、协调的政府临时职能机构。在整个奥运会组织过程中，中央政府与地方政府以及政府各部门也都参与其中，并且相互配合、相互协调。

3.1.2 营销模式：内生与外生相结合的营销模式

北京奥运会采取了多元的营销模式。北京奥运会不仅通过借助外部发展资源特别是外来投资和稀缺资源的外生营销模式达到促进城市发展的目的，同时也通过营销主动提高城市的自主创新能力，实现可持续发展。例如，北京奥运会招揽了22家赞助商及国际、全球合作伙伴参与奥运会的宣传，在奥运设备器材方面也与62家奥运赞助企业合作，进行了600余次营销推广活动。在奥运产业方面，奥组委也通过奥运特许经营店、奥运会特色旅游参与产业等使奥运产业本地化，以充分带动北京经济发展。

3.1.3 运营方式：公共与私人并存的多种团体合作制

北京奥运会在进行筹资、经营、建设方面充分吸收了各方力量，将公共资源、私人资源有机结合，促进了政府、企业、社团和市民等不同组织的相互合作。例如在奥运会赛事运行费用方面，奥运会不仅吸收了政府资金（中国政府、北京市政府将给予组委会补贴1亿美元），还吸纳了电视转播、奥运会相关产业营业收入等经营性资金，甚至还有部分社会团体捐赠资金。在奥林匹克公园土地开发过程中，北京奥运会采取了市场开发（一级土地开发，如新奥集团公司）和地方政府（如朝阳区）出资相结合的方式，体现了政府与市场、公共部门与私人部门合作的多元化运营模式。

3.1.4 本质内涵：全民参与式的社会活动

北京奥运会受到了空前的重视与关注，并且已经被视为我国国力强盛的标志与象征，北京奥运会已经由一项单纯的体育重大赛事上升为受全社会关注的公共活动，成为一项全民参与式的社会公共活动。

3.2 北京大都市流动空间的显著特征

在全球化的深入影响下，北京已被纳入到全球城市体系中，难以避免地受到流动空间的全面影响。与此同时，北京城市所处区域空间以及内部空间也正发生着深刻的变化。

3.2.1 位于全球城市体系中上层，国际流动要素冲击明显

在弗里德曼的世界城市体系中，纽约、伦敦和东京分属于美洲子系统、西欧子系统以及亚太子系统，占据世界城市体系的最顶端。北京作为全球发展最快的发展中国家首都，在世界城市体系的亚太子系统中占有重要作用。根据国外学者Taylor和Wolker对国际城市等级划分的研究，北京被划分到仅次于旧金山、悉尼等城市之后的第三层次，与阿姆斯特丹、波士顿等城市位于同一水平[5]（表2）。北京作为崛起中的全球城市，正接受来自世界各地流动要素冲击，并日趋强烈。

3.2.2 位于中国城市体系最顶层，便于吸纳及辐射各种要素

北京是我国政治、文化的核心，位于中国城市体系的最顶层。北京拥有强大的吸引力及辐射力，以北京为核心的综合交通网络和信息通讯网络通达全国。例如北京铁路站的客货流量以及航空客货流量均位列全国前茅，2009年北京市铁路客运量为8161万人，公路客运量121373万人，民航客运量4339万人，分别是全国总量的5.35%、4.37%和18.82%。北京的现代化通讯设施近年发展也十分迅速，北京已经成为我国最重要的信息产出、集散和周转地。

3.2.3 以北京为核心的城镇群体发展迅速，区域网络联系明显加强

近年来，以北京为核心的京津冀城镇群发展迅猛，区域内部不仅有明确的功能划分、等级分工，而且区域网络化态势非常明显。例如北京与天津之间有密集的交通线网连接——高速公路、铁路、城际铁路等，北京与天津之间的人流往来数量庞大，要素交换密切。北京正呈现出对其周围城市的绝对辐射力，以北京为核心的区域网络联系也日益加强。

3.2.4 北京大都市空间组织、空间结构重构显著

不同学者对国际城市等级划分表　　　　　　　　表2

研究者/机构	第一层次国际城市	第二层次国际城市		第三层次国际城市
Thrift（1989）	纽约、伦敦、东京	巴黎、新加坡、香港、洛杉矶		悉尼、芝加哥、达拉斯、迈阿密、檀香山、旧金山
伦敦规划咨询委员会（1991）	伦敦、巴黎、纽约、东京	苏黎世、阿姆斯特丹、香港、法兰克福、米兰、芝加哥、波恩、哥本哈根、柏林、罗马、马德里、里斯本、布鲁塞尔		
Taylor and Wolker（1994）	伦敦、巴黎、纽约、东京	芝加哥、法兰克福、香港、洛杉矶、米兰、新加坡	旧金山、悉尼、多伦多、苏黎世、布鲁塞尔、马德里、墨西哥城、圣保罗、莫斯科、汉城	阿姆斯特丹、波士顿、加拉加斯、达拉斯、杜塞尔多夫、日内瓦、休斯敦、华盛顿、曼谷、北京、台北、上海等35个

资料来源：根据周振华等主编，世界城市——国际经验与上海发展，上海：上海社会科学院出版社，2004，相关资料整理而成

新中国成立以来，北京的城市格局及城市空间结构与之前已有巨大变化。在改革开放后经济全球化的深入影响下，北京城市国际化程度得到了快速提升，北京接受国际、国内人流、物流、资金流等辐射也逐渐频繁，北京大都市空间组织也更加开放化、多元化。

3.3 针对流的粘性（sticky）分析方法简介及数据获取说明

针对流动要素具有量大且快速流动的特点，本文采用形象的粘性（sticky）分析方法作为研究全球性大事件影响大都市流动空间流动要素的主要方法，试图从定量的角度深入分析全球性大事件所能引发的流动要素的增量、流速及其作用效果。

3.3.1 同等时段对照分析

全球性大事件有固定的发生时段，将相同时段的人流量、资金流量、信息流量与非大事件时期同等时段的各项指标进行对比，从而揭示变化规律。

3.3.2 分周期、长期跟踪对比分析

跟踪全球性大事件作用下的城市社会经济某一指标的长期变化态势，再将不同指标长期分析的结果进行综合分析，总结全球性大事件从历史维度发生的规律性态势，总体上采用动态的分析方法[①]。

3.3.3 数据获取说明

由于大事件产生的人流、资金流、信息流等数据难以进行短期地、独立地统计与测算，本文主要采用了相关职能部门及统计年鉴的数据，主要有：北京市旅游局的统计数据，北京奥组委（现改名为"北京奥运城市发展促进会"）的统计数据，以及《2009年北京市统计年鉴》和《2010年北京市统计年鉴》（经比较，统计年鉴与相关部门的数据一致）的数据。

对于资金流部分，本文除采用统计年鉴中的数据外，还参考了《2008北京奥运行动规划》和《北京2008年奥运申办报告》中关于资金分配方面的规定及说明。

4 北京奥运会对大都市流动空间构成要素的影响分析

本文具体分析了北京奥运会对人流、资金流等流动要

素的作用，并解释其作用机制和原因。

4.1 人流：北京奥运会产生人流"低谷效应"

由奥运会引起的人流主要包括：国内外旅游参观人员，国内外运动员、教练及裁判员等参与大事件的人员，还有服务大事件的组织人员等。2008年北京奥运会期间，奥林匹克公园吸引了大量人流，但是对于北京市而言，北京市的国内外人流在奥运会时期出现明显的"低谷"。

4.1.1 奥运会举办期间北京市旅游接待人数比往年同期有明显下降

北京奥运会从2008年8月8日开始到8月24日结束共历时17天，奥运会对参观人流的吸引作用并不明显，人流量与往年同时段相比甚至有所下降。根据《2009年北京市统计年鉴》的统计，2008年北京奥运会17天期间共接待国内外旅游人数652万人次，相比于2007年同期878.9万人次的规模下降了25.8%。其中北京奥运会时期日最高接待量为55.1万人次，最低接待量为20万人次，相比于2007年同期的77.5万人次与40.1万人次分别下降了28.9%和50.1%（见表3）。

奥运会期间及对应期旅游接待情况表　　表3

项目	奥运会期间（8月8日~8月24日）	2007年同期
接待住宿人数（万人次）	42.1	79.4
入境住宿人数	12.9	19.4
平均出租率（%）	52.3	63.1
五星级饭店	81.5	65.8
四星级饭店	59.3	65.4
三星级饭店	43.3	61.2
平均房价（元/间天）	1751	410
五星级饭店	3604	914
四星级饭店	1948	482
三星级饭店	984	299
接待人数（万人次）	652	878.9
5A景区	133.5	219.9
4A景区	242.6	339.1
日最高接待量（万人次）	55.1	77.5
日最低接待量（万人次）	20	40.1

资料来源：《2009北京市统计年鉴》

---

① 本文将北京奥运会的周期划分为：（1）前期的筹备期：时间为2001~2008年。筹备期又可以分为三个阶段：第一阶段是前期准备阶段：2001年12月至2003年6月；第二阶段是全面建设阶段：2003年7月至2006年6月；第三阶段是完善运行阶段：2006年7月至2008年奥运会开幕。（2）中期的发生期：2008年8月，主要指2008年8月8日奥运会开幕后至2008年8月24日奥运会闭幕。该阶段国民经济增长从投资为主转向消费为主，旅游、商贸等消费进一步拉动国民经济增长。（3）后期的结束期：2008年后，主要指奥运会结束后的2~4年，该阶段也是奥运经济产生辐射效应的延伸期，大量体育场馆的转型、商业、交通、旅游开发后的综合利用，引致的消费长期增长，继续推动经济的增长。

北京市旅游局 2008 年 8 月的统计资料显示，8 月份北京全市接待入境过夜旅游者 38.9 万人次，比 2007 年同期减少 7.2%。其中接待外国人 35.6 万人次，比去年同期减少 4.1%。8 月份北京市星级饭店接待国内客人 70.8 万人次，比 2007 年同期减少 41.7%。由此可以看出，北京奥运会并未产生预期中的对人流产生的强吸作用，相反却形成了北京市 2008 年全年人流流量的低谷。

4.1.2 2008 年全年北京国内外旅游人数比往年有所下降

2008 年全年北京市接待入境游人数以及国内旅游人数比往年有所下降。对 1991 年至 2009 年北京市入境游人数分析，北京市入境游人数以 9.8% 的增长率逐年增加。在此期间，北京市入境游人数只有在 1997 年亚洲金融危机、2003 年的"非典"时期出现下降。而在 2008 年奥运会后，北京市入境游人数不增反降，由 2007 年的 435.5

万人次降至 2008 年的 379 万人次，下降了 13%。从同时期北京市旅游外汇收入上分析，2003 年以及 2008 年北京都出现了旅游外汇收入的负增长，说明北京奥运会对国外旅游的收益产生了一定负面影响（图 1、图 2）。

4.1.3 奥运安保和限制出行等因素成为人流"低谷效应"的主要原因

北京奥运会期间北京采取了一系列限制车辆出行，以及在公共场所、交通枢纽、地铁站点等加强安检等措施，造成北京市的国内外旅游人流受到不同程度的影响，进而出现了明显的"低谷效应"。

4.2 资金流：北京奥运会诱发资金流"井喷效应"

4.2.1 北京奥运会投资总量为北京历史之最，也是奥

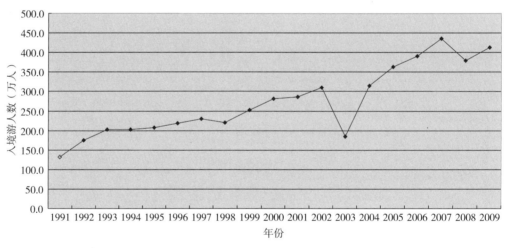

图 1 1991~2009 年北京市入境游人数分布图

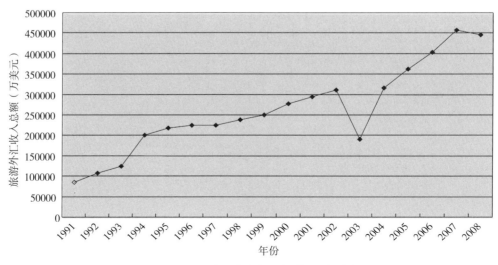

图 2 1991~2008 年北京市旅游外汇收入总额分布图

运历史之最

北京奥运会投资数目达到了北京历史上阶段性的最高水平,投资总额达到 2800 亿元人民币。北京奥运会年平均投资 466.7 亿元(假设 2800 亿元在 2002 年至 2007 年全部投资),相当于 2002 年北京市全社会固定资产投资总额的 25.7%,也是当年北京市基础设施投资总额的 1.13 倍,北京奥运会的投资强度是北京市历史之最。北京奥运会 2800 亿元的投资是 2004 年雅典奥运的 4 倍,而悉尼奥运会的投资仅仅是雅典的 1/4。经计算,北京奥运的投资规模,超过了过去 108 年所有奥运会投资的总和,是奥运历史之最。

4.2.2 奥运会投资整体呈现倒"U"字形,且资金多

是北京未来投资的提前预支

奥运会建设筹备时期(2002~2007 年),北京市全社会固定资产投资总量逐年上升,在 2007 年达到投资高峰(约 3996.6 亿元),相当于北京市同年 GDP 的 42.4%。而在 2008 年奥运会的举办年,北京市全社会固定资产投资比上年下降了 3%(图 3)。

对北京市近 20 年的基础设施投资进行分析,北京市的基础设施投资从 2004 年之后大幅增加,从 2004 年至 2007 年基础设施投资的年均增长速度高达 30%,而且 2007 年的基础设施投资额达到了顶点,约为 2003 年的 2.8 倍。而 2008 年基础设施的投资也出现回落,比上年下降了 1.3%(图 4)。

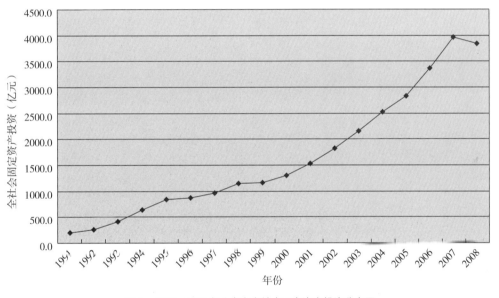

图 3　1991~2008 年北京市全社会固定资产投资分布图

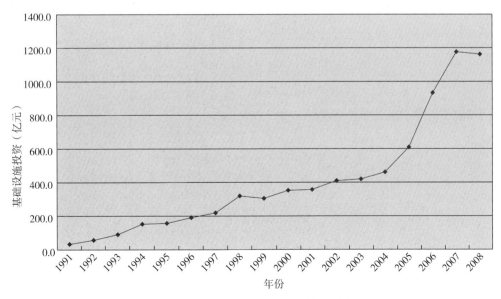

图 4　1991~2008 年北京市基础设施投资分布图

总体上看，北京奥运会投资在奥运会前一年达到顶点，之后有所回落，呈现倒"U"字形的分布态势。根据奥组委的统计，北京市政府根据奥运会的需要调整了政府"十五"、"十一五"的投资计划，其中原"十一五"规划中已有的、因举办奥运而提前的城市基础设施投资约1438亿元，占整个奥运投资额的51.4%。可以说，北京奥运会将城市未来将要投资的资金进行了提前预支，使得城市固定资产投资在奥运筹备期间以较短的时间得到快速增长，并达到高峰。随着奥运会的结束，大量资金已无法继续预支，北京市全社会的固定资产投资发生回落，基础设施等城市建设趋于平静，资金流减缓。

4.2.3 奥运会融资渠道①多样，奥运会经济影响显著

在建设北京奥运会过程中，从资金拉动效果的角度，可将北京奥运会的投资分为直接投资及间接投资。直接投资共1349亿元（根据当前汇率换算为美元是192.7亿美元），包括：①奥运场馆投资；②新增基础设施投资。间接投资共1438亿元（根据当前汇率换算为美元是205.4亿美元），包括：①交通基础设施投资；②环保项目投资（表4）。直接投资可视为是奥运产生的直接经济影响或首轮经济影响，间接投资则可被视为是间接经济影响或第二轮经济影响。

将北京奥运会的经济影响与历届较为成功的奥运会进行对比发现，北京奥运会不论直接经济影响、间接经济以及总体经济影响，其资金投入和经济影响力都是最大的。1992年巴塞罗那奥运会是历史上经济效益以及对城市经济发展贡献最大奥运会，其直接经济影响为102.9亿美元，间接经济影响高达177.4亿美元。巴塞罗那奥运会直接带动了加泰罗尼亚地区的经济发展，使得其经济增长速度明

显高于西班牙甚至欧洲的平均水平，巴塞罗那当时也因此被誉为欧洲经济的发动机之一。北京奥运会比巴塞罗那奥运会直接经济影响高出89.2亿美元，间接经济影响也高出28亿美元。而且北京奥运会后，北京市人均GDP从2002年的3726美元上升到了2008年的9075美元，增长了2.4倍，人民生活水平也有所改善。

5 北京奥运会对大都市流动空间组织模式的影响分析

北京奥运会面对各种流的冲击有效地扩容了各类配套系统，例如支撑人流、物流的综合交通网，支撑信息流的信息网络，支撑资金流的金融网络等，奥运会也促使了若干特定功能区的形成，带动了北京城市的高速发展。

5.1 北京奥运会对大都市流动空间线状要素的影响

5.1.1 综合交通系统的改善

（1）对外交通：首都机场的扩建、铁路线网的升级以及公路里程数的增加

在2000年首都机场有2条跑道，航站楼面积为41万m²，年旅客吞吐量为3500万人次、年货邮量为77.4万t。北京政府为了积极应对2008北京奥运会，将首都机场新增了1条跑道，航站楼也扩容到60万m²（包括新建3号航站楼，改建1号航站楼）。首都机场年旅客吞吐量增加了37%，达到4800万人次/年，年货邮量也增加了68%，达到130万t/年的水平。首都机场通过建设，其航空运输能力不仅得到极大的增强，也为奥运会在北京成功举办提供了良好的航空运输保障。

1984年至2000年奥运会直接、间接经济影响统计表 表4

奥运会名称	直接经济影响（亿美元）	间接经济影响（亿美元）	总体经济影响（亿美元）
1984年洛杉矶奥运会	9.1	18.2	27.3
1988年汉城奥运会	15.336	17.63	32.966
1992年巴斯罗那奥运会	102.9	177.4	280.3
1996年亚特兰大奥运会	23.07	28.34	51.41
2000年悉尼奥运会	66.77	113.51	180.28
2008年北京奥运会	192.7	205.4	398.1

资料来源：根据北京市城市规划设计研究院，大事件影响城市——后奥运北京城市发展，2008，资料整理而成

---

① 根据历届奥运会的经验，举办奥运会的融资渠道主要有三个方面：一是基于奥运会本身的融资渠道，如电视转播权收入、奥林匹克计划（TOP）收入、特许使用收入、门票收入、邮票和纪念币发行收入等；二是资本市场常用的融资手段，如发行长期建设债券、组建项目企业上市、资产证券化、筹集风险金等；三是其他融资手段，如彩票收入、财政拨款、民间捐赠等。

首都机场各项指标现状及规划表　　　　　　　　　　　　表 5

各项指标	2000 年	2008 年	2020 年
年旅客吞吐量（万人次）	3500	4800	7200
年货邮量（万 t）	77.4	130	230
年起落架次（万 t）	18.7	40	60
跑到（条）	2	3	5
航站楼（万 m²）	41	60	100

资料来源：北京市城市规划设计研究院，2008 年北京奥运行动规划（交通建设和管理）的实施，2007

在奥运会的推动下，以北京为核心的铁路线网得到升级、改造[①]。北京市的公路建设也得到进一步提升，公路网络的连通性不断加强[②]。北京市 2008 年公路总里程比2001 年增加了 6449km，涨幅高达 46.4%（图 5）。

（2）城市道路：路网功能级配结构的调整和完善

为了承办奥运会，北京市对城市道路的建设主要集中在对其功能级配结构的合理调整和完善方面。全市基本建成快速道路系统，其中新建快速路 54km、改造快速路81km；完善主、干路道路系统，其中新增主干路 87km；强化"微循环"系统，主要针对旧城中心区，并将其路网加密了 96km。

（3）轨道交通：作为 TOD 手段之一，增加覆盖面及接驳性

为迎接奥运会的大规模人流，北京市共新建了 7 条轨道线路[③]，增加了地铁的覆盖面以及与常规公交的接驳能力。2001~2008 年，北京市轨道交通线路长度得到大幅增加，2008 年轨道交通运营线路（含机场快线）总长度达到了 200km（图 6）。

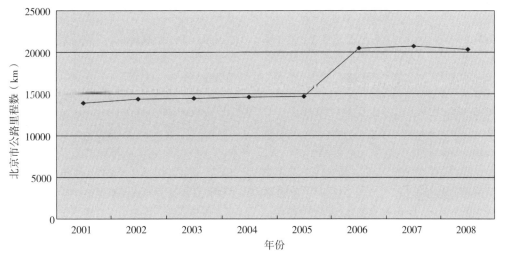

图 5　2001~2008 年北京市境内公路总里程
资料来源：《2009 北京市统计年鉴》

---

① 北京政府为奥运会新增了若干重要的铁路建设项目，其中包括：①京沪高速铁路（北京至济南段）项目；②北京站—北京西站地下直径线项目；③北京北站及北京南站改造项目；④京秦线提速改造项目；⑤京津间新增第 4 条线；⑥首都机场及天津机场铁路客运专线（全长 194.6km）。

② 公路新增建设项目有：①新建高速公路 389km（不含 2001 年已经完成项目）；②新建一级及二级公路 953km；③建设公路长途客货运枢纽等。

③ ①北京城市铁路（西直门至东直门）；②北京地铁五号线（宋家庄至太平庄北站）；③北京地铁八通线（八王坟东站至通县土桥）；④北京地铁四号线（北宫门至马家堡）；⑤奥运支线（奥运公园至太阳宫）；⑥机场专线（东直门至首都机场）；⑦亦庄线（宋家庄至亦庄）。

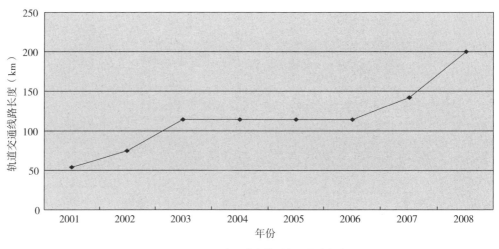

图6　2001~2008年北京市轨道交通线路长度图

5.1.2　信息网络线路的健全

信息网络作为承载信息流的重要设施在奥运会中得到大力发展。奥运会申请成功后，北京以奥运北京数字全覆盖为目标开始全面实施"数字奥运"的计划。在奥运会开幕前，北京城市宽带骨干网络和接入网络基本覆盖了全市，电信、广播电视及互联网络发展迅速，无论在城市还是乡村，都可以轻松上网浏览信息，观看各个地区的节目[6]。与此同时，在奥运会开幕前，以奥运运行服务为目的的数字北京大厦已经建成。以数字北京大厦为信息、媒体的工作平台，各国新闻媒体可与互联网有效连接并第一时间报道奥运赛事。奥运会的信息通信网络得到全面加强。

5.1.3　金融机构联系的增强

金融网络是建立在信息网络传输之上的专门处理资金往来的特殊网络，金融网络的建设一方面是对信息网络的再建设或不断完善，另一方面也是资金快速流动、资金高效利用的重要保障。奥组委在成立之初便建设了完善的资金处理系统，成立了独立的金融筹融资网络，并与各大金融机构直接相连，进行完整而独立的资金结算等工作。奥组委特殊的组织架构、运营模式使得奥运会的相关资金不但能够大量而快速地输入，而且也能被高效而便捷地适用。

5.2　北京奥运会对大都市流动空间面状要素的影响

大都市流动空间的面状要素（如各种枢纽、节点等）具有一定依附性，可促进各要素联系、交换。面状要素直接由要素相互作用后所形成，例如，由流动产生的新居住空间、新产业空间和新公共空间等新型功能性区域。

5.2.1　要素交换空间的形成

为应对北京奥运会吸引而来的全球范围的不同人流或物流，首都机场不仅得到了有效扩容，首都机场与城市轨道交通网的连接线——东直门至机场长达22.5km的机场专线也成功建成，国际人流、物流可以顺利接驳到城市快速交通网。首都机场作为北京奥运会时期最重要的综合交通枢纽，起到了承接国外客流与国外客流交换、衔接的目的。除首都机场之外，在北京市区内为改善奥运时期北京城市交通拥堵的现状，增加公共交通的换乘能力，7座公共交通枢纽也相继建成。全球性大事件促进了要素交换空间的形成，使得不同类型、不同层级的流动要素密切交换、相互作用。

5.2.2　新居住空间的分散与分异

北京奥运会引发了北京市北部奥林匹克公园地区的全面改造，使得改造后的居住空间更加分散，甚至产生分异的现象。在12km²左右的奥林匹克公园区内，原有的大量城中村或旧的居住小区被全部拆迁，拆迁后的城中村村民以及原有居民被安置到距原居住地较为遥远的地区，原有在奥林匹克公园地区内集中的居住方式完全被在全市郊区分散居住的方式所取代，居住空间的极化与分异现象随即产生，甚至引发新的不公平现象。

5.2.3　新产业空间的极化

在北京奥运会后，由于会展、体育、休闲、文化、商贸等多种功能的引入，北京奥林匹克中心区成为了北京市重要的高端产业功能区之一。奥林匹克中心区将促成北京城市中轴线的北端形成一个集体育、文化、会展、休闲等功能于一体的城市功能区，成为发展大型文艺演出、重大体育赛事、国内外会议展览、奥运标志旅游等服务产业并有效带动后奥运首都经济增长的增长极。

总体上看，全球性大事件引发了要素全球流动并更新配套设施，使得高端产业功能得以全球流动，众多高端生产性服务业在奥林匹克周边集聚，产生了新型产业空间极化的现象。

6 全球性大事件影响下大都市流动空间构建建议

6.1 匹配性举办——大事件能级与城市地位相匹配

举办大事件应首先考虑的是大事件的能级是否与城市的地位、规模等相适应，如全球性大事件由全球城市举办，全国性的大事件应该由国内核心城市举办，区域性的大事件则应该由区域性中心城市举办。大事件能级与城市地位的匹配性是发挥大事件特定功效，达到城市综合效益最大化的基本前提。纵观国内现有的大事件实例，总体上基本符合大事件能级与城市地位相匹配的原则。北京、上海作为国内最高层级的城市，也是全国仅有的全球城市，相继举办了2008年北京奥运会及2010年的上海世博会等全球性大事件，两座城市得以快速发展。南京作为全国的区域性枢纽型城市，长江流域及长三角的核心城市之一，在2005年举办了全国性的"十运会"，这也是事件能级与城市地位相匹配的典范，也有效促进了南京城市河西地区的跨越式发展。

此外，由于大事件后续效应的短暂性，城市还应具备适度地连续举办的理念。例如北京1991年时成功举办了亚运会，对城市北部的发展起到了至关重要的作用。在20年后，北京又在原亚运会场地附近成功举办了北京奥运会，从此，北京市整个北部地区以及城市中轴线北部得到了全面强化，城市也得到了两次快速拓展的机会。南京2005年的"十运会"以及2014年的"青奥运"也是连续举办与自身能级匹配的大事件的成功范例。

6.2 选择性吸引——适度的人流、资金流与信息流吸引

举办大事件，应针对大都市流动空间中最为核心的流动要素建立静态与动态相结合的选择性吸引战略。所谓静态的选择性吸引战略，即制定吸引流动要素的目标策略，例如建立差别化的吸引国内外人流的政策，以及根据大事件的种类和城市自身情况来确定吸引外资或利用国内资金的策略。

所谓动态的选择性吸引战略，是指在大事件从筹划到结束全过程中，在大事件不同的周期、阶段内采用不同的要素吸引战略，达到动态平衡、协调的目的。例如在大事件漫长的筹备期中，首先应确保资金流、物流的大规模顺畅流动，将不可见的资金转化为可见的固定资产或基础设施等，确保大事件能够顺利举办。在大事件的发生期中，应着重协调大事件产生的大量人流，并有效引导信息流动发布，以便全方位营造大事件发生的氛围。在大事件的结束期内，为了维持大事件的后续效应，应当引导人流继续参与大事件，并积极将大事件的后续功能进行改造、转换，以便综合利用。

6.3 系统性配套——合理完善设施网络系统、有效引导功能区形成

系统性配套主要是对大都市流动空间的线状设施进行建设，以及对面状设施进行引导。针对不同能级、不同类别的大事件，应采取不同的设施配套模式。对于全球性大事件，由于其能够吸引来自世界各地的人流、物流，应首先增加举办城市接纳国际人流、物流的能力，进行全面的国际枢纽改扩建或新建。其次，应加强城市内部交通网络的系统完善建设，增加道路覆盖面及接驳性。最后，应加强不同网络系统的连通性及可达性，将接受国际人流、物流的网络与城市内部交通网络有效联系，并达到迅速衔接、转换的效果。

在进行大规模配套设施扩容、新建之后，应重点关注大事件对流动空间作用后产生的新型功能区。因为在大事件的筹备建设过程中，不可避免地会产生居民拆迁、安置，产业转移等问题，在安置居民以及重建厂房的过程中，可能会引发新的居住不公平等现象，因此需要相关部门统一筹划，合理安排新居住区或工业区的布局。在举办场地后续利用方面，要尽量做到综合利用，不能进行单一的居住房地产开发或办公楼建设，要在充分尊重举办地的纪念意义，以及不改变场地公共开放特性的基础上进行综合性地再利用。与此同时，还应该合理引导高端产业、新兴产业在大事件举办点附近聚集，这样一方面可以在大事件后有效地、连续地吸引人流，另一方面也是迎合大事件举办地部分高端职能转化的结果。

7 结语

大事件正在成为包括中国在内世界诸多国家与城市的积极行动，并成为全球化时代剧烈、快速而深远影响城市空间演化、格局重组的重要力量。以大都市流动空间作为大事件的研究对象，是全球化时期举办大事件以及大都市全面建设的必然要求。本文将大事件的研究以及流动空间的研究相结合，是一项具有挑战性的工作，这项工作在国内都处于起步阶段，所面临的理论难题以及资料困境都需要研究者继续克服，在今后研究中需要进一步加强将大事件的影响因素进行剥离、对流动要素进行全面跟踪分析等工作。

全
球
性
大
事
件
对
大
都
市
流
动
空
间
的
影
响
研
究
——
以
北
京
奥
运
会
为
例

参考文献

[1] 曼纽尔·卡斯特尔斯著，王志弘译．流动空间 [J]．国际城市规划，2006，(5)：69–85．

[2] 福柯．地理学问题 [A]．引自夏铸九、王至弘编译，空间的文化形式与社会理论读本 [M]，台湾：台湾明文书局，2002．

[3] 冯雷．理解空间 [M]，北京：中央编译出版社，2008．

[4] 奥罗姆，陈向明．城市的世界——对地点的比较分析和历史分析 [M]．上海，上海人民出版社，2005．

[5] 周振华，陈向明，黄建富．世界城市——国际经验与上海发展 [M]．上海：上海社会科学院出版社，2004．

[6] 北京市规划委员会．2008奥运会·城市 [M]．北京：中国建筑工业出版社，2008．

[7]《2008年北京奥运行动规划 (交通建设和管理) 的实施》[Z]．北京市城市规划设计研究院．2007．

[8]《大事件影响城市——后奥运北京城市发展》[Z]．北京市城市规划设计研究院．2008．

[9] 陆泉麟，张京祥．宏观经济环境变迁及城市大事件运行效应 [J]．国际城市规划，2010（2）．

[10] 陆泉麟，王苑，张京祥，皇甫玥．全球性大事件及其影响效应研究评述 [J]．国际城市规划，2011（1）．

广州亚运会区域关联响应的信息流表征①

The Regional Responses Indicated by the Information Flow of Guangzhou Asian Games

赵渺希　窦飞宇

【摘要】本文以广州亚运会为例分析了城市事件在区域空间中的信息传播效应。研究首先梳理了全球化中大事件的地域新闻传播效应、新闻信息流响应的空间特征、媒介传播中的地域认同等相关理论，揭示了大事件在区域新闻信息的网络空间响应机制；其次，在实证部分，研究以2010年广州亚运为视角，选取了107个城市为研究对象，以地名词频为数据收集方法，分析样本城市对亚运会这一大事件响应的绝对关联和相对关联；最后，研究通过逐步回归分析发现，广州亚运会的区域渗透作用机制体现了地方政府以大事件为工具参与全球竞争的社会经济过程，但这一过程同时也深化了根植于本土方言的地域认同感。

【关键词】城市　事件　区域　广州亚运会　信息流

Abstract：In this paper, Guangzhou Asian Games is taken as an example to analyze the information dissemination effects of city events in regional space. The dissemination effects of regional news、the space characteristics of the response of news information flow、the cultural identity during media dissemination and others, are clarified at the beginning of the study to reveal the response mechanism of major events in cyberspace of regional news information; Secondly, in empirical part of the study, from the perspective of Guangzhou Asian Game 2010, 107 cities are selected as studying objects, by using the term frequencies in news information as the data collection methods, the study analyzes the absolute degree of connections and relative degree of connections of the object cities to the major events of Guangzhou Asian Games; Finally, by stepwise regression analysis, the study gets that the regional infiltration of the Guangzhou Asian Games described a social and economic process of local government participating global competition through major events, at the same time, this process also deepens the regional identity that rooted in the native language.

Keywords：City, Events, Region, Guangzhou Asian Games, Information flow

1 引论

城市事件是经济全球化进程中城市政府间激烈竞争的必然结果。在全球化进程中，资本、信息、技术与人才形成的流动空间逐渐替代了传统的场所空间的主导地位[1]，为了在竞争中获得优势，以政府为主的城市管理模式（urban managerialism）正让位于所谓的城市企业化（urban entrepreneurialism）模式，在这一趋势下，地方政府成为各种综合势力的代理人，重大事件相应地成为了地方政府吸引外部资本、旅游者等所采用的一种营销工具[2~4]。目前，关于事件对城市和区域影响的研究散见于城市发展、城市旅游等各个领域[5~15]，但是，这些研究一般以定性描述为主，很少涉及重大事件在区域中城市知名度的空间传递与提升，而这种媒介效应恰恰是地方政府采用事件作为营销工具的重要原因，因此本研究的切入点

作者：赵渺希　华南理工大学建筑学院城市规划系、亚热带建筑科学国家重点实验室；博士、先上岗副教授、注册城市规划师
　① 国家自然科学基金（51108184），国家社科基金重大项目（11&ZD154），亚热带建筑科学国家重点实验室开放课题（2013KB20）。

将从区域对于重大事件的信息关联响应这一角度进行定量模拟，并剖析其在区域中信息关联的内在机制。

2 相关理论

2.1 全球化中大事件的新闻传播效应

Giddens 指出，全球化属于信息时代的重要表征，这一社会过程将世界范围内远距离的地域社会关系紧密联系在一起，这就意味着本地事件的发生可能与世界中的其余地方紧密关联，跨越地域边界的信息关联导致了全球范围内价值观、思想、观点和技术的瞬间堆积[16]，并且这种新技术的发展弱化了国家边界和自然地理的隔绝，由此而导致了全球社区的逐渐成形[17~19]。换言之，各个国家、地区之间的链接也日益被全球化、政治同盟、通信技术锁定[20]，信息已经成为国家和地区之间权力彼此交互作用的重要引擎。

在建筑、规划、地理类的城市研究范畴中，"事件"多与城市营销相关联，但是对事件的属性和定义并无确切的衡量标准，而一些学者则以新闻的影响程度为定性判断。就影响程度而言，重大事件通过城市更新过程中的物质环境建设对城市空间结构产生巨大的影响，与此同时，重大事件所承载的物质遗产和事件则成为人们全球性集体记忆的核心部分[21~22]。一些学者指出，重大事件借助新闻媒体的报道，迅速扩大了该城市的国际知名度[25~27]。在实证研究方面，Ritche、 Aitken 以及 Ritchie、Lyons 研究了 1988 年加拿大卡尔加里冬季奥运会结束后当地居民的反映，结果表明：奥运会不仅给城市带来了财政收益，而且其中更为重要的是借助新闻媒体的报道迅速扩大了该城市的国际知名度[23~24]。又如，美国犹他州政府组织研究人员对 2002 年美国盐湖城冬奥会的影响进行了前瞻性分析，其中依靠媒体传播提升城市形象的影响也是研究的重要关注点[25~26, 28]。

概而言之，事件的地域新闻传播是扩大城市知名度的重要工具[28~31]。对地方政府来说，通过各种新闻媒体的有效结合和合理组合，能有力地推动大事件在区域中的影响力。根据孙琳琳的研究，2008 年连云港市在央视《朝闻天下》等栏目开展的城市旅游总体形象宣传，使当年旅游接待人数、总收入均创历史新高，均比上一年增长近 20%[32]。因此，研究大事件在全球区域重组过程中的影响，新闻信息流的地域传播是一个重要的切入点。

2.2 新闻信息流的空间特征

早在 1960 年代，一些学者开始注意到信息联系的地理空间分布问题，如 Gottman 分析了电话流空间分布

在促进城市区域连接性方面的重要作用[33]，Ginneken、Wu、Trusina 等学者则将其重点放到新闻信息传播的空间流动效应方面[34~36]。Castells 认为，随着网络社会的崛起，流动空间（Space of flow）正在取代场所空间（Space of place），其中的"流动空间"就是指信息、资本、技术和人力资源的全球经济网络，"场所空间"则是指城市作为全球经济网络的"节点"。这一视角下，随着新技术革命的运用，知识和信息也成为城市网络流的一种，一些学者进一步指出，地域间新闻信息流具有极大的不平衡性，其中国际间新闻信息流呈现出明显的核心—外围现象：即西方发达国家处于新闻信息流的核心地位，扮演着信息传播人和文化领导者的角色，另外一些国家则属于信息相对缺乏的外围地区，成为默默无闻的接受者和被领导者[37~40]。发达地区的城市利用信息覆盖优势建立起一套以大都市为中心，并向四周辐射的媒介景观和文化权威，迫使周围地区形成一种臣服式的文化崇拜和心理认同[41~42]。

在实证研究中，Kim 通过回归分析指出，信息流与一个国家或地区的经济发展、主要语言、区域位置、政治自由和人口均有一定的关联性，其中经济发展是最重要的影响因素[38]，Wu（1998）也提出了类似的观点[39]，Sun、Barnett 则强调了政治因素的重要性[40]。总的来说，地域间的信息传播与世界体系理论（World Systems Theory）密切相关[42~46]。需要指出的是，在城市规划和地理研究等领域中，距离被认为是空间关系的首要决定因素和主要度量手段[47]，一些学者还对空间距离的概念进行了不断地完善[48~51]。对于信息流传播来说，在不同的空间尺度，信息流的分布可能呈现出不同的特征，关于距离的因素在学术界的争议也较大，如 Toffler 认为通讯技术的发展弱化了空间距离的作用，Caimcross 则提出了"距离已死"（Distance has died）的观点[52~53]，这些相关理论对大事件的区域信息传播机制的分析有着重要的指导作用。

2.3 媒介传播中的地域认同

作为知识、信息传播媒介的一种，语言文字也是建构空间意象的重要表征，并且有着深刻的社会内涵。媒介语言一方面反映着地域真实状况，另一方面则通过选择性的社会再现来塑造着地方空间，从而对地域认同有着强烈的推动作用。

首先，以语言为载体的媒介信息传播具有重现地域空间意象的功能。一般地，场所的形成源自于一系列复杂性因素和过程的建构，这其中包括了语言的表征[54]，在全球性的交通、通讯变革中，市民对城市的认知已经不可能再依赖于对真实物理环境的遍历式接触，而在很大程度上依赖于媒介材料的传播[55]。因此，对于居民

可感知的城市景观和城市空间来说，新闻媒介所建构的城市功能等级序列在很大程度上表征了特定社会群体对空间意象的选择性传递。一般的地名仅仅只是表示区位，但是标志性的地名会引发与之相关联的联想，正如纽约与"曼哈顿、摩天大楼、繁华街道、9·11事件、旅游目的地"等空间意象紧密相连[56~57]。Mary 将事件视作在一定时间、空间范围内由短暂性"流"所形成的一种特定标记，且这种标记使得语言的结构可以反映世界的构成[58]，Harvey 指出，人类之所以区别于其他动物，其根本原因就在于人类能改变和适应其自身的社会组织，通过语言建立一个长期的历史记忆[59]。从语言媒介的基本属性来看，无论是涂尔干的集体表征还是 Moscovici 的社会表征，可以看出语言实质上也具有共享性、再生性、功能性及社会建构性等特征[60~61]。

其次，信息传播对促进地域认同具有重要的作用。从地域认同的角度来看，戴维·莫利、凯文·罗宾斯指出，在后现代地理条件下和崭新的传播环境中，将出现人们重塑集体文化认同的现象，这一过程中，语言媒介通过不断强化本土文化的传播效用，从而使得地区身份成为媒介在缔造想象的共同体时必须彰显的标签。对地方城市而言，以媒体来整合本土文化资源，通过推动民生新闻、方言文化、城市形象营销等手段培养市民意识，将进一步强化其已有的地域认同感[42]。在 McLuhan 看来，媒介本身不仅只是中性的中介，在相当程度上它会影响到社会、文化及思想的建构，这意味着不同地方社会群体的语言记忆是以选择性的方式进行表征、传递的[62]。因此，媒介不但表征了空间的内涵，并且刻画了其所涵盖场所的地理特质，这一编辑过程不但反映了社会现实，而且起到了塑造地域形象的作用。在这一社会过程中，媒介成为现实世界的社会生产，同时媒介也通过对地方的论述来形成并强化着社会群体的地域认同[63~65]。

3 研究的技术路线

3.1 本研究的分析视角

城市间信息流分析属于城市网络研究的一种分析技术。在城市和区域的网络研究领域中，西方国家有学者以 SCI 期刊所在地、作者来源地为基础，进行全球科技创新的网络分析[69]。Taylor、Beaverstock 指出，目前运用得最少的是经济新闻引用内容分析，并将其称为一种测度地域间经济联系替代的方法：通过记录商务型新闻中一个城市名称的词频即可以在一定程度上判读其对外联系的状况[66~67]。事实上，早在 1980 年 Pred 就通过对新闻报纸的内容来分析地域间联系，Taylor 则借用了这一分析方

法对 6 个美国城市的头版新闻进行了地域间网络关联的研究[68]。类似的研究中，Wu 的研究关注了地域间新闻通讯交流的频率，并以此来描述地域之间的信息联系强度[70]。随着新媒体发生环境的快速成熟，互联网将逐渐占据主导地位，而报纸、广播等传统媒体相对式微[71~72]，与此同时，通过互联网使得新闻媒体信息的可获得性大大增加，从而为网络分析方法提供了充足的统计素材。大事件作为城市竞争的营销工具，必定会在地域范围内产生一定的新闻信息传播，以此实现对事件举办城市知名度的提升，但各个地方的响应形成了非均衡的信息空间分布差异，这使得对重大事件的区域影响分析成为可能。

目前，对广州亚运会这一城市事件的研究已有不少，如赖寿华、袁奇峰、王国恩等学者从不同角度进行了相关研究[73~75]，但是需要指出的是，对亚运会作为城市事件在城市知名度的空间传播研究方面尚没有相关研究。为此，本研究通过对广州与其余各城市之间新闻报道定量去分析、探索亚运会这一重大事件在全国城市网络中的信息流通关系。具体地，本研究以地域营销的知名度为出发点，将在文献信息的基础上，以广州亚运会为事件样本，来度量中国主要城市对这一事件的关联响应，以实证数据来分析在城市区域复杂的正负反馈过程中城市事件的关联响应，以剖析大事件作为城市参与全球竞争、强化地域认同的内在属性，这也构成了本文的主要创新点。

3.2 数据来源及整理

本研究的对象是大事件的区域信息传播，本文采用综合归纳的方法分析地域信息的关联响应，空间对象是除广州以外（事件原发地）的中国大陆地区主要城市，研究采用了中国经济社会发展研究中心的城市竞争力前100 名中的大陆城市，在此基础上补充了拉萨、西宁和广东省其他的地级城市，总共形成 107 个响应城市作为数据捕捉对象。

新闻信息流分析借用了文献计量学的词频统计，运用城市名称这一特定的词频分布来获取关联信息，城市名称主题词搜索查询步骤是：先在文献库中找出城市事件"广州亚运"的文献信息，然后针对特定信息联系城市（如上海），在相关新闻中筛选出包含对象城市名称信息（如"上海"）的新闻报道，建立"广州亚运—上海"的信息联系数据，这种锁定对象城市的新闻报道数能基本反映广州亚运会这一事件在中国 107 个城市的区域关联网络中的联系强度。

为了保证互联网上搜索的数据的可信度，避免单一来源数据的不稳定性，研究采用了 6 类搜索引擎：谷歌咨询、中国经济新闻库、百度新闻、中国商业报告库、必应资讯、

搜狗新闻的数据库，用以采集关联信息流的基础数据。数据收集的时间是2011年5月30日到2011年7月5日。

3.3 数据分析方法

数据分析的首要工作是对现象进行描述，目的是尽量客观地分析广州亚运会事件信息流的区域渗透。研究中采用算术平均值法，把从各类互联网上搜索的多维数据转化为综合指标，并从绝对影响和相对影响两方面来分析。

首先，计算 j 城市在 i 网站中对广州亚运会区域空间响应的绝对值，如下定义公式：

$$F_{ij}=S_{ij}/S_{imax} \quad (1)$$

$$F_j=\sum_{i=1}^{6}F_{ij}/6 \quad (2)$$

其中：S_{ij} 为某一城市 j 在 i 网站与广州亚运会事件关联网页总数的初始值，S_{imax} 为该项指标中所有城市中的最大值，F_{ij} 为 j 城市在 i 网站绝对响应程度的标准值，通过6类网站数据挖掘形成的标准值进一步计算 F_{ij} 的算术平均值 F_j，即得到 j 城市对广州亚运会区域空间响应的绝对值。

其次，计算 j 城市在 i 网站中对广州亚运会区域空间响应的相对值，如下定义公式：

$$G_j=\sum_{i=1}^{6}(S_{ij}/S_j)/6 \quad (3)$$

其中：S_j 为某一城市 j 在 i 网站关联网页总数的初始值，通过计算 S_{ij} 与 S_j 的比值并进一步计算其算术平均值 G_j，即反映了该城市对这一城市事件响应的相对值。

在对现象进行描述后，研究试图进一步解析其中的作用机制，为此采用了回归分析的方法，分别以新闻信息的绝对值和相对值为因变量，借鉴信息流空间分布方面的发生机制，选取一定的自变量进行逐步回归分析。

4 区域响应信息流的空间特征

4.1 地域绝对关联的空间特征

从城市事件信息关联来看，广州与大陆地区各城市之间的事件响应程度绝对值最大的2项为包含广州亚运——北京、广州亚运——上海的城市信息联系，区域响应的绝对值分别为0.916、0.756，第三、四、五位为广州亚运——深圳、广州亚运——成都、东莞的城市信息联系，区域响应的绝对值分别为0.384、0.249、0.224，其余城市对这一大事件响应的绝对值均低于0.2，总体来说，这种等级序列体现城市体系的位序规模法则（采用齐普夫的位序规模模型进行检验，对数回归方程决定系数达到了0.841），说明以事件关联响应的媒介文本的词频重现了大陆地区与广州发生联系的城市等级序列，究其本质而言，城市规模体系的位序模型原本来自于齐普夫的词频规律，对本研究而言，对107个城市关于广州亚运会的区域响应只不过是回应了这一基本规律而已，而从区域城市流的角度来看，以大事件为靶向的信息流的区域空间传播具有非均衡的特征。

通过 Golden Sufer 进行数字模拟（图1），可以看出，这前5位响应城市与中国大陆地区的主要发达城市的区域

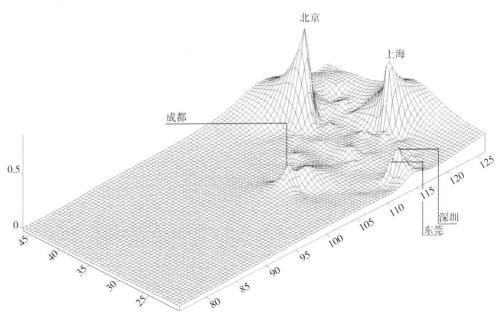

图1 各城市对广州亚运会关联响应的绝对值（F_j）分布

广州亚运会与各响应城市绝对值（S_j）的聚类分析	表1

类别	城　　市
1	北京，上海
2	深圳，成都，东莞
3	重庆，佛山，杭州，天津，中山，珠海，武汉，大连，西安，长春，惠州，沈阳，南京，厦门
4	长沙，济南，汕尾，肇庆，青岛，哈尔滨，吉林，昆明，江门，苏州，海口，郑州，南宁，宁波，清远，汕头，南昌，湛江，福州，合肥，太原
5	温州，潮州，河源，茂名，梅州，乌鲁木齐，兰州，石家庄，桂林，无锡，揭阳，泉州，烟台，阳江，扬州，拉萨，常州，云浮，大庆，银川，唐山，贵阳，秦皇岛，株洲，鄂尔多斯，九江，绍兴，西宁，延安，湘潭，日照，金华，大同，包头，漳州，南通，呼和浩特，柳州，芜湖，洛阳，喀什，岳阳，锦州，绵阳，淄博，镇江，嘉兴，潍坊，徐州，宜昌，威海，东营，营口，鞍山，马鞍山，台州，邯郸，沧州，德阳，淮安，克拉玛依，南阳，咸阳，宜宾，泰州，榆林，襄阳

分布基本一致，说明在绝对值方面，发达城市有着更为强烈的事件响应。

　　进一步地，以绝对值得分（F_j）作为107个城市划分的指标，应用SPSS分析软件，对107个城市的关联响应的绝对值的得分进行层次聚类分析，并按照得分高低依次分为5类（表1）。可以观察到，这107个城市对广州亚运会的区域空间响应形成了一个等级序列明显的体系，绝大部分经济发达城市属于前3类，而第5类主要是中西部欠发达地区的外围城市，这种空间响应的现实反映了信息传播中核心—外围的空间关系，也表征了各个城市参与广州大事件信息响应的主动性和被动性：响应越低的外围城市越是作为被动的信息接收者，反之—响应程度越高的城市如上海、北京、深圳等城市则是积极参与这一事件信息传播的主动者。在一定程度上可以判断，大事件的区域渗透

作用与受影响的城市其自身竞争力具有较强的关联，当然具体的因果实证分析还需要进一步的检验。

　　对上表分析可以发现，这些城市事件关联程度较大的地域间联系全部位于大陆地区的经济发达地区，也说明城市事件的地域间响应（F_j）与社会经济的重心具有重合的趋势。进一步分析表1可以发现，北京、上海是中国大陆地区生产性服务业高度发达的城市，也是世界城市研究小组（GaWC）研究成果中大陆地区全球城市排位最高的两个城市，对中国大陆地区而言属于信息高度集中的核心城市。

4.2　地域相对关联的空间特征

　　在相对关联值（G_j）方面，同样进行数字模拟（图2），可以看出，广东省内的城市成为相对响应程度较高的区

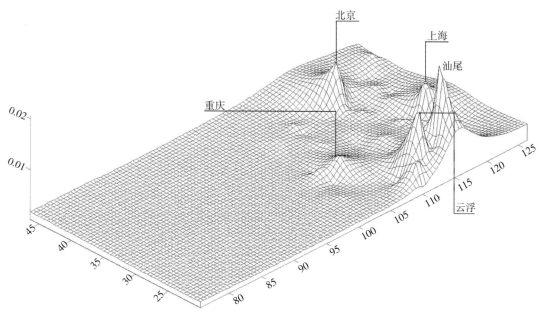

图2　各城市对广州亚运会关联响应的相对值（G_j）分布

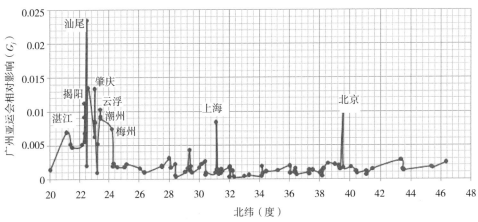

图3 各纬度城市对广州亚运会相对关联的分布

域，而北京、上海、重庆等城市的相对关联的优势地位虽弱于绝对关联的相应地位，但仍然是区域内主要的信息流响应城市。可以看出，与广州邻近的城市具有明显较高的相对关联响应，典型的如汕尾、肇庆、云浮、揭阳、潮州、梅州、湛江等城市，这其中亚运会协办城市汕尾的相对响应程度最高，作为广东省的欠发达城市，汕尾市通过协办亚运会确实获取了与其自身经济实力不对称的机会，事实上，笔者以英超俱乐部与所在城市进行的研究也发现，小规模的城市若能突破门槛限制举办竞技体育的话能获得更为丰厚的回报[76]。大陆地区其余城市以上海、北京的相对响应最为明显，说明经济实力雄厚的全球性城市在区域相对响应方面依旧具有突出的表现。如果将相对响应按照纬度进行分值排列，这一现象特征更为明显（图3）。

另一方面，如果从地域认同的角度来看待地区对亚运会这一城市事件的相对关联响应，进一步观察可以看出，汕尾、云浮、肇庆属于相对关联程度最高的3个城市，这其中汕尾是亚运会协办城市，总体上来说，整个中南区域的粤语、客家话区域是相对关联最为明显的城市，这也反映了在地方政府通过城市事件强化地方竞争力的同时，也深化了以本土语言为空间基础的地域认同感。

5 地域间信息流的回归模拟

从相关文献梳理可以看出，亚运会作为重大事件，对大陆地区其他城市的关联响应与直接关联的赛事有密切关系，主要体现为该城市是否举办赛事、城市的经济规模、总人口、行政层级、与事件发生地距离、地方语言有关系。为进一步明确广州亚运会对各案例城市影响的主要因素，研究分别以绝对关联、相对关联为因变量，采用了逐步回

归的方法筛选重大事件的最终影响因素。

5.1 自变量的赋值

在回归模型中，自变量包括了地区生产总值（GDP）、与广州的空间距离（D）、赛事情况（M）、城市行政层级（H）、方言特征（L）等选项，其中前2项属于连续变量，后三项属于需要赋值的哑变量。对于哑变量的赋值，分别采用如下规则：

城市行政层级（H）按照直辖市、省会城市、计划单列市分别赋值3、2、1，其余赋值为0；

赛事情况（M）按照比赛的情况，将广州亚运会的协办城市东莞、佛山、汕尾赋值为1，其余赋值为0；

对于方言特征（L），将粤语、客家话涵盖的城市赋值为1，其余城市赋值为0。

为了更好地将解释力强的变量纳入到模型，将各响应城市的人口、地区生产总值、与广州的空间距离、城市行政层级、赛事情况、方言特征等选项纳入到回归分析中，从而建立最优的逐步回归模型。

5.2 绝对关联响应的回归方程

在以地域绝对关联度为因变量的回归模型中，总人口、与广州的空间距离、赛事情况均被剔除，最后留在回归模型中的是地区生产总值、城市行政层级、方言特征3个变量，其中地区生产总值的影响因素最为明显，其次才是方言特征和城市层级。在最终的回归模型中，决定系数 R^2 达到了0.694，且各项变量的Sig.值均小于0.05，说明这些变量组成的回归方程对各城市与广州亚运事件的绝对关联具有很强的解释能力（表2、表3）。

事实上，北京、上海这两个城市对广州亚运会这一异地城市事件的响应最为明显，反映了全球城市竞争中信息

绝对关联响应逐步回归中被接受的 3 项方程的决定系数模型				表 2
Model	R	R Square	Adjusted R Square	Std. Error of the Estimate
1	0.800	0.641	0.637	0.074
2	0.823	0.677	0.671	0.070
3	0.833	0.694	0.686	0.069

绝对关联响应逐步回归中 3 项方程的参数						表 3
Model		Unstandardized Coefficients		Standardized Coefficients	t	Sig.
		B	Std. Error	Beta		
1	(Constant)	−0.047	0.010		−4.612	0.000
	地区生产总值 (GDP)	0.000	0.000	0.800	13.682	0.000
2	(Constant)	−0.061	0.011		−5.783	0.000
	地区生产总值 (GDP)	0.000	0.000	0.826	14.694	0.000
	方言特征 (L)	0.063	0.018	0.193	3.432	0.001
3	(Constant)	−0.067	0.011		−6.287	0.000
	地区生产总值 (GDP)	0.000	0.000	0.755	12.126	0.000
	方言特征 (L)	0.074	0.018	0.226	3.987	0.000
	城市行政层级 (H)	0.020	0.008	0.155	2.413	0.018

流的空间集中趋势，进一步地，鉴于这两个城市分别承办了奥运会、世博会，对于欲参与全球竞争的广州而言，这两个城市是最直接的参照标杆城市，在所检索到的新闻信息流中，一些内容就直接包含了广州亚运会与北京奥运会、上海世博会的比较，例如通过百度新闻链接的 2009 年南方网的新闻报道中，提及：

"……（2009）12 月 5 日至 7 日在北京举行的中央经济工作会议上，将世博和亚运两大盛事，列为明年全国经济工作重点…这是广州亚运会首次出现在中央重要会议文件中，并和上海世博会相提并论……"。

——百度新闻链接的 2009 年南方网报道

在这一新闻中，地方媒体南方网将广州亚运会进入中央重要文件、与上海世博会相提并论而视为广州亚运会的规格，其中隐含的城市竞争不言而喻。进一步引申而言，在经济全球化进程中地方的作用并没有消失，反而以另一种方式顽强地昭显着自身的存在，这也正是城市事件产生的重要原因：大事件是地方政府进行全球竞争的重要工具，以各种政治资源和资本的注入为目的，并以此带来所谓的"眼球经济"来提升城市的竞争力。

在被剔除的变量中，与广州的空间距离这一变量没能

留下来在预料之中，这一研究结果与笔者关于奥运会的区域信息传播机制是完全一致的，即地域间信息的传播不再局限于空间距离的阻隔[31]，因此在地域绝对关联度的回归模型中，这项变量被剔除；另外，总人口没有进入回归说明对城市事件的响应更多地属于一种经济行为，即取决于经济活动中各城市对外链接的程度。

5.3　相对关联响应的回归方程

在以地域相对关联度为因变量的回归模型中，总人口、与广州的空间距离、城市行政层级被剔除，最后留在回归模型中的是地区生产总值、赛事情况、方言特征等 3 个变量，其中方言特征的影响因素最为明显，其次才是赛事情况、地区生产总值。在最终的回归模型中，决定系数 R^2 达到了 0.633，且各项变量的 Sig. 值均小于 0.05，说明这些变量组成的回归方程对各城市与广州亚运事件的相对关联同样具有很强的解释能力（表 4、表 5）。

在这些进入回归方程的变量中，赛事情况对城市的影响是比较明显的，这一点也符合预期。值得关注的是，除去广州（为事件发起城市）后，对照相对关联响应在华南地区的分布，可以看出，肇庆、云浮大致位于粤语方言地分布的腹地中心，汕尾也基本邻近客家语的腹地中心，在一定程度上反映了广东本地城市对亚运会的强烈响应（图 4）。

相对关联响应逐步回归中被接受的 3 项方程的决定系数 表 4

Model	R	R Square	Adjusted R Square	Std. Error of the Estimate
1	0.760	0.577	0.573	0.002
2	0.786	0.618	0.610	0.002
3	0.802	0.643	0.633	0.002

相对关联响应逐步回归中 3 项方程的参数 表 5

Model		Unstandardized Coefficients		Standardized Coefficients	t	Sig.
		B	Std. Error	Beta		
1	(Constant)	0.002	0.000		6.747	0.000
	方言特征 (L)	0.007	0.001	0.760	11.979	0.000
2	(Constant)	0.002	0.000		7.059	0.000
	方言特征 (L)	0.006	0.001	0.678	10.355	0.000
	赛事情况（M）	0.005	0.001	0.217	3.307	0.001
3	(Constant)	0.001	0.000		3.147	0.002
	方言特征 (L)	0.007	0.001	0.707	10.974	0.000
	赛事情况（M）	0.004	0.001	0.198	3.095	0.003
	地区生产总值 (GDP)	0.000	0.000	0.163	2.732	0.007

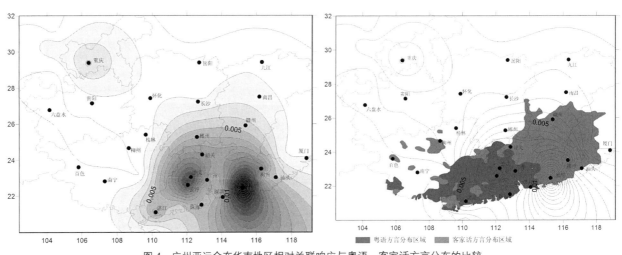

图 4 广州亚运会在华南地区相对关联响应与粤语、客家话方言分布的比较

事实上，在改革开放的早期，粤语、客家话不但在海外替代普通话（北方官话的代表）成为华人的通用语言，而且还以影视剧、流行歌曲的形式风靡内地的大江南北，但在 21 世纪初长三角地区崛起后，以香港、广州为核心城市的文化渗透力趋于式微，引发了地方部分本土社会群体对"推普废粤"的集体焦虑，在亚运会前（2010 年 7 月）广州甚至发生了本地市民上街游行要求提高本地方言

地位、拒斥普通话的事件。但从全球流动性不断增强的趋势下，随着各阶层外来人口的不断涌入，以普通话为代表的强势文化对地方语言的战略性空间挤占成为一种普遍趋势，在这种情况，透过大事件强化地域的自我认同感成为地方在全球化中凸现本土文化的一种潜意识的集体行为，从而形成了媒介语言中邻近城市对这一事件报道的强关联并成为不自觉的集体记忆。

6 小结

通过文献回顾方面，本文首先梳理了全球化过程中重大事件的地域新闻传播效应、新闻信息流的空间特征、媒介传播的地域认同等相关文献，揭示了重大事件在区域新闻信息的网络空间响应机制，并为实证研究的因果机制提供了基本的理论指导。

从相关理论来看，随着网络社会的崛起，空间距离的作用被重新定义，在这种情况下，相比传统意义上"所见即所得"的空间认知，城市市民更多地凭借媒介来间接地获取其他城市及相关事件的基本信息，因此城市重大事件的新闻效应将以选择性的方式使得受众接受这种信息传递，而以此而形成的区域信息流空间分布不可避免地具有明显的导向性，其结果将使得或明或暗的全球城市竞争和本土地域认同会同时并存。正如 Castells 和 Borja 在其《本土化与全球化：信息时代的城市管理》一书中所言，以信息为表征的流体空间使全球融为一体，但是地方空间的差异性导致了流动空间的全球性与地方空间的本土化相共存[77]。

具体到本实证方面，研究发现，在新闻信息影响的绝对关联方面，城市经济规模具有最为重要的影响，另外方言特征、城市行政层级均与绝对影响力正相关；而在去除了规模因素的相对关联方面，方言特征、是否举办相关赛事、城市经济规模成为主要的影响因素。共同点是，距离因素已经不再是信息地域关联的主要影响因子，这说明，在对亚运会这一大事件的区域空间响应方面，地域信息传播已经不再受制于空间距离因素的制约。

这一研究结果显示，亚运会作为城市大事件，其在区域中的响应程度体现了政府透过大事件参与全球竞争的内在意图，但是更为重要的是，根植于方言的区域渗透作用也深刻地反映了大事件背后的地域认同作用。这说明，以大事件为工具提升城市知名度，在区域中会激发其他高层级城市的全球竞争意识，在本土文化圈内则会以集体记忆的方式来隐含地深化地域文化认同。

参考文献

[1] Castells M. The rise of network society [M]. Oxford: Blackwell, 1996.

[2] Hall Tim, Huhhard Phil. The Entrepreneurial City: New Urban Politics, New Urban Geographies? [J]. Progress in Human Geography, 1996, 20 (2): 153−174.

[3] 唐子来，陈琳. 经济全球化时代的城市营销策略：观察和思考 [J]. 城市规划学刊, 2006 (6): 45−53.

[4] 张京祥，殷洁，罗震东. 地域大事件营销效应的城市增长机器分析——以南京奥体新城为例 [J]. 经济地理, 2007, 27 (3): 452−457.

[5] Atkinson G, Mourato S, Szymanski S. Are we willing to pay enough to 'back the bid'? Valuing the intangible impacts of London's bid to host the 2012 Summer Olympic Games [J]. Urban Studies, 2008, 45 (2): 419−444.

[6] Groote Patrick De. A Multidisciplinary Analysis of World Fairs (Expos) and their Effects [J]. Tourism Review, 2005, 60 (1): 12−19.

[7] Roche M. Mega−events and Urban Policy [J]. Annals of Tourism Research, 1994, 21 (1): 1−19.

[8] 戴光全，保继刚. 西方事件及事件旅游研究的概念、内容、方法与启发（下）[J]. 旅游学刊, 2003, 18 (6): 26−34.

[9] 张晨. 体育旅游对地区经济的带动作用 [J]. 经济论坛, 2004 (11): 43−44.

[10] 刘柱，梁保尔. 大型主题活动的富矿效应 [J]. 旅游科学, 2002 (2): 1−4.

[11] 隆学文，马礼. 2008年奥运旅游效应与中国奥运旅游圈构想 [J]. 人文地理, 2004, 19 (2): 47−51.

[12] 杨乐平，张京祥. 重大事件项目对城市发展的影响 [J]. 城市问题, 2008 (2): 9−15.

[13] 赵燕菁. 奥运会经济与北京城市空间结构调整 [J]. 城市规划, 2002, 26 (8): 29−37.

[14] 易晓峰，廖绮晶. 重大事件：提升城市竞争力的战略工具 [J]. 规划师, 2006, 22 (7): 12−15.

[15] 金广君，刘堃. 主题事件与城市设计 [J]. 城市建筑, 2006 (4): 6−10.

[16] Giddens A. Runaway world [M]. Cambridge: Polity Press, 1999.

[17] Cherry C. The telephone system: Creator of mobility and social change [M]. In: Pool I d S (Ed). The Social Impact of the Telephone. Cambridge MA: MIT Press, 1977.

[18] Pool I d S. Technologies without Boundaries [M]. Cambridge: Harvard University Press, 1990.

[19] Frederick H. Global Communication and International Relations [M]. Belmont CA: Wadsworth Pub Co, 1993.

[20] Friedman T. The Lexus and the Olive Tree [M]. London: Harper Collins, 1999.

[21] Christopher Gaffney. Temples of the Earthbound Gods: Stadiums in the Cultural Landscapes of Rio de Janeiro and Buenos Aires Austin. University of Texas Press, 2008.

[22] Christopher Gaffney. Mega−events and socio−spatial dynamics in Rio de Janeiro, 1919−2016 (J). Journal of Latin American Geography, 2010, Vol.9 (1): 7−29.

[23] Ritchie J R B, Aitken C E. Assessing the impact of the 1988 Olympic Winter Games: the research program and initial results [J]. Journal of Travel Research, 1984, 16 (1): 17—25.

[24] Ritchie J R B, Lyons M. OLYMPUS VI: a post event assessment of resident reaction to the VX Olympic Winter Games [J]. Journal of Travel Research, 1990, 23 (3): 14—23.

[25] Green B, Chalip L. Sport tourism as the celebration of subculture [J]. Annals of Tourism Research, 1998, 25 (2): 275—291.

[26] Lee C K, Lee Y K, Wicks B. Segmentation of festival motivation by nationality and satisfaction [J]. Tourism Management, 2004, 25 (1): 61—70.

[27] 杨广虎. 营销创新的新模式：旅游事件与新闻传播 [J]. 今传媒, 2009 (12): 126—127.

[28] Lee C K. Major determinants of international tourism demand for South Korea: inclusion of marketing variable [J]. Journal of Travel and Tourism Marketing, 1996, 5 (1—2): 101 - 118.

[29] Burger C J S C., Dohnal M, Kathrada M, et al. A practitioners guide to time—series methods for tourism demand forecasting: a case study of Durban, South Africa [J]. Tourism Management, 2001, 22 (4): 403—409.

[30] 赵渺希, 陈晨. 上海世博会作为大事件的区域关联响应——基于长三角地区新闻信息流的实证研究 [J]. 南方建筑. 2010. (4).

[31] 赵渺希. 全球化语境中城市重大事件的区域关联响应——基于北京奥运会新闻信息流的实证研究. [J]. 世界地理研究. 2011.20 (1): 117—128.

[32] 孙琳琳. 大众传媒对城市品牌的塑造. 新闻爱好者. 2011. (10): 24—25.

[33] Gottman J. Megalopolis: The Urbanized Northeastern Seaboard of the United States [M]. Cambridge MA: MIT Press, 1961.

[34] Van Ginneken J. Understanding Global News: A Critical Introduction [M]. London: Sage, 1998.23—24.

[35] Wu H Dennis. Systemic determinants of international news coverage: A comparison of 38 countries [J]. Journal of Communication, 2000, 50 (2): 110—130.

[36] Trusina A, Rosvall M, Sneppen K. Communication boundaries in networks [J]. Physical Review Letters, 2005, 94 (23): 403—409.

[37] Barnett G A, Jacobson T, Choi Y, et al. An examination of the international telecommunication network [C]. Paper presented at the International Communication Association, Washington, 1993.

[38] Kim K, Barnett G A. The determinants of international news flow: a network analysis [J]. Communication Research, 1996,

23 (3): 323—352.

[39] Wu H Dennis. Investigating the determinants of international news flow [J]. International Journal for Communication Studies, 1998, 60 (6): 493—512.

[40] Sun S, Barnett G A. An analysis of the international telephone network and democratization [J]. Journal of the American Society for Information Science, 1994, 45 (6): 411—421.

[41] 袁瑾. 媒介转型与当代认同性的变迁 [J]. 华南农业大学学报（社会科学版）.2011, 10 (1): 120—125.

[42] Wallerstein I. Politics of the World—Economy [M]. Cambridge: Cambridge University Press, 1984.

[43] Chirot D, Hall T. World—system theory [J]. Annual Review of Sociology, 1982, 8: 81—106.

[44] Chase—Dunn C. Global Formation: Structures of the World—Economy [M]. London: Basil Blackwell, 1989.

[45] Knoke D, Brumeister—May J. International relations [M] .In: Knoke D (ed). Political Networks: The Structural Perspective. Cambridge: Cambridge University Press, 1990.127—155.

[46] Chase—Dunn C, Grimes P. World systems analysis [J]. Annual Review of Sociology, 1995, 21: 387—417.

[47] Shen Q. Updating spatial perspectives and analytical frameworks in urban research, in Spatially Integrated Social Science Eds M Goodchild, D Janelle [M]. London: Oxford University Press, 2003: 263—279.

[48] Isard W. Location and Space—economy: a General Theory Relating to Industrial Location [M]. New York: John Wiley, 1956.

[49] Isard W. Methods of Regional Analysis: An Introduction to Regional Science [M]. New York: John Wiley, 1960.

[50] Brown L. A. and Horton, F. E. Functional Distance: An Operational Approach, "Geographical Analysis [J], 1970 (2): 76—83.

[51] Trusina A, Rosvall M, Sneppen K. Communication boundaries in networks [J]. Physical Review Letters, 2005, 94 (23): 403—409.

[52] Toffler A. The Third Wave [M]. New York: William Morrow.1980.

[53] Cairncross, F.The Death of Distance: How the Communications Revolution will change our Lives [M]. London: Orion Business Books, 1997.

[54] Martin D. G. Eacting neighbourhood. [J]. Urban geography, 2003, 24 (5): 361—285.

[55] Drucker, Urban Communication: The Blind Men and the Elephant (J). International Journal of Communication, 2008 (2), 8—10.

[56] Cresswell, Tim. Place: A Short Introduction [M]. Oxford: Wiley—Blackwell, 2004.

[57] Timothy J. St.Onge. Media representations and place perceptions of stigmatized neighbourhood in Washington, D. C [R]. http://www.umw.edu/cas/geography/students/documents/St.Onge.pdf, 2011.

[58] Moran, Mary H., Time and Place in the Anthropology of Events: A Diaspora Perspective on the Liberian Transition [J]. Anthropological Quarterly, 2005, 78 (2): 457—464.

[59] 哈维.（胡大平译）.希望的空间 [M]. 南京：南京大学出版社，2006.

[60] 涂尔干.（狄玉明译）.社会学方法的准则 [M]. 北京：商务印书馆，1995.

[61] Moscovici, S. Notes towards a description of social representations. Journal of European Social Psychology, 1988, 18：211—250.

[62] 马歇尔·麦克卢汉.理解媒介——论人的延伸 [M]. 北京：商务印书馆，2000.

[63] Burgess J. A. News from nowhere: the press, the roits and the myth of inner city, 1985.

[64] Burgess J. A. The production and consumption of environmental meaning in the mass media, 1990.

[65] Leo Zonn. Place image in media: Portrayal, experience and meaning [M].Savage, MD: Rowman & Littlefield, 1990.

[66] Taylor P J. World City Network: A Global Urban Analysis [M]. New York: Routledge, 2004.

[67] Beaverstock, J V, Smith, R G and Taylor, P J. World—city network: a new metageography? [J]. Annals, Association of American Geographers, 2000 (90): 123—134.

[68] Pred, A. Urban Growth and City Systems in the United State s, 1840—1860 [M]. London: Hutchinson, 1980.

[69] Matthiessen, C.W. and Schwarz, A.W. Scientific Centres in Europe: an Analysis of Research Strength and Patterns of Specialisation Based on Bibliometric Indicators [J]. Urban Studies, 1999 (36): 453—477.

[70] Wu H Dennis. Systemic determinants of international news coverage: A comparison of 38 countries [J]. Journal of Communication, 2000, 50 (2): 110—130.

[71] Wu H Denis. A brave new world for international news? Exploring the determinants of the coverage of foreign news on US websites [J]. International Communication Gazette, 2007, 69: 539—551.

[72] Pavlik J V. Journalism and New Media [M]. New York: Columbia University Press, 2001.

[73] 赖寿华，袁振杰. 广州亚运与城市更新的反思——以广州市荔湾区荔枝湾整治工程为例 [J]. 规划师，2010, 12 (26): 16—20, 27.

[74] 袁奇峰. 大事件，需要冷思考——广州亚运会对城市建设的影响 [J]. 南方建筑，2010 (4): 2—7.

[75] 王国恩，刘斌. 亚运规划与广州城市发展 [J]. 规划师，2010, 12 (26): 5—10.

[76] 赵渺希. 竞技体育对城市知名度的影响分析——以英超传统强队为例 [J]. 体育科技文献通报，2008, 16 (3): 117—119.

[77] Castells,Borja. 本土化与全球化：信息时代的城市管理 [M]. 北京：北京大学出版社，2009.

重大城市事件下的交通发展对策
——以上海世博会为例

Transportation Development Strategy on The Impact of a Great City Event：
A Case Study of Shanghai World Expo

邵丹　陈必壮

【摘要】重大城市事件是城市交通发展的催化剂，交通规划和政策的制定必须兼顾阶段性发展需要，并为后续利用提供条件。本文以上海世博会为例，介绍了世博会举办前后，世博会相关地块在不同阶段的规划重点和思路。

【关键词】重大事件　世博会　城市　交通规划　交通战略

Abstract: The city event is the catalyst for the development of urban transport. Planning and policy making must take into account the needs of different development stage, and provide the convenience for subsequent use. Taking Shanghai World Expo as an example, the paper elaborates the planning priorities and ideas at different stages before and after the shanghai World Expo.

Keywords: event, world exposition, city, transportation planning, transportation Strategy

重大城市事件是指由城市政府主办或政府授权主办，需依靠一定的政府资源，在城市举办的具有广泛影响力，有助于实现城市发展目标的重要的政治、经济、文化、体育等大型活动。近年来，随着中国城市化进程的快速推进，政府部门日益将城市的发展与重大城市事件相结合，如北京的奥运会、上海的世博会、广州的亚运会，均是将重大

的国际盛事与城市的基础设施完善、促进城市更新和功能提升、空间拓展等发展目的相融合，在满足短期活动组织的前提下，为后续的城市发展创造更大的发展条件。笔者全程参与了上海世博会前期交通规划、会展期间的交通运营保障及后续用地开发的交通规划。本文即分析作为城市重大城市事件的上海世博会，其相关地块在事件前后的交通发展对策。

1　上海世博会的选址及挑战

1.1　世博会选址的意义

纵观国外世博会选址，大致包括选址于紧靠城市中心、城市中心区边缘、城市城郊结合地、城市郊区相对独立的地区。20世纪80年代后期的综合性世博会基本选址于城市郊区相对独立区域。上海世博会的选址也曾考虑过郊区、城郊结合部等多个方案，但最终选择在城市中心区边缘的滨水地区，围栏区面积5.24km²（图1）。

图1　世博园区周边区域用地及岗位特征

浦江开发是上海未来城市更新的重点区域，但浦江沿线的滨江区域原用地性质为传统工业用地，随着城市产业结构升级，其功能逐步衰退，而外围已经为高密度的居住、商办等用地所围合。利用世博会机遇可以促进滨江地区的

作者：邵丹，上海市城市综合交通规划研究所，政策研究室负责人
　　　陈必壮，上海市城市综合交通规划研究所，副所长

更新发展，即可以提升城市品质，充分利用周边既有的基础设施资源，并实现浦西、浦东地区的一体化发展。因此世博会的选址与上海城市发展战略方向是一致的。

1.2 世博会选址面临的挑战

第一，加剧中心区交通压力。由于世博会选址紧贴中心区边缘。紧贴世博会会址的区域以居住用地为主，涉及卢湾、黄浦、徐汇等区域，人口密度高达 3 万人 /km²。距离世博会会址 3~5km 的区域，为徐家汇、淮海中路、人民广场及外滩、陆家嘴等 4 大全市就业岗位中心，岗位密度接近 5 万个 /km²。与用地性质相对应，该区域的交通流呈现"外紧内松"的特征，无论是轨道交通还是道路交通，客流拥挤或交通拥堵断面都在四大就业中心附近。而世博游客主要分布在距离园区 5~10km 的范围内，必须穿越拥堵区域后抵达园区，以入场高峰 20 万人次 /h 的客流规模而论，在周边交通设施已经较为拥挤的情况下，这必将进一步增加既有高峰断面的拥挤程度，对日常早高峰出行带来较大的压力（图 2）。

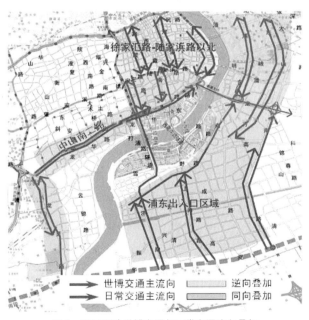

图 2 园区周边世博交通与日常交通流向叠加

第二，与城市总体规划缺乏统筹。上海市总体规划（2000-2020）、上海市综合交通规划（2000-2020）、上海市城市交通白皮书已经对 2010 年的用地发展和骨架交通设施进行了总体规划，基本明确了轨道交通、高速公路、快速路、对外枢纽的规模和形态。而世博会作为一个城市发展的重大事件发生在此类上位规划编制以后，既有规划项目中尚未充分考虑由世博会引发的交通组织问题，虽然

后期通过调整建设计划，将部分相关远景交通设施提前实施，如轨道交通 13 号线、龙耀路隧道等，但与世博交通组织还存在一定的差距。

第三，阶段性管理要求和长期发展需求的统筹存在一定难度。世博会展期半年，但后续的城市发展影响深远。即该区域的交通基础设施建设既要充分满足世博会展会的组织保障要求，又要能满足地块长远发展的要求。事实上，两者在交通服务特征上还是有一定的差别，世博会的交通需求特征表现为规模大、强度高、持续时间长，其重点要求利用大容量的交通工具快速解决集散组织问题，而未来地块定位为休闲、会展、商务等综合功能，除去快速集散，还更加注重交通的品质、个体等多元化功能。加上后续的地块在功能、开发强度等方面仍存在较大的不确定性，因此近远期的统筹规划和开发仍存在一定的难度。

小结：上海世博会规模为历史之最，而选址于城市更新区域，与背景交通需求高度叠加，实施难度相当大，由此引发的交通问题非常复杂。基于选址与交通需求特征的客观情况，在总体交通规划阶段明确了以公共交通为导向的总体交通组织策略，在交通流空间组织上，强调通过外围区域的绕行组织，减少世博交通与日常交通的重叠。

2 适应展期的设施配套及交通政策

建成区背景交通需求大，大规模的用地功能置换开发将改变原区域的交通出行特征，开发地块周边交通由原先以过境为主的特征转变为以到发为主的特征。特别是会展、文体等大型公共用地开发项目的交通需求具有集散规模大，时间集中等特征，在交通特征上与周边建成区背景交通差别更大，有一定的独立性。通过世博交通保障的工作实践，对建成区用地开发的交通配套有几点体会：

第一，从更大的交通影响范围编制规划方案。建成区大规模用地功能置换开发，特别是会展、文体等大型公共活动用地开发项目对城市交通的影响将是全局性的。因此，配套交通体系规划不能仅仅局限于建设区域，应该从更大的交通影响区域着手，全面考虑开发区对周边区域、全市交通、对外交通等不同层面交通体系的影响。世博交通保障方案即从组织管理需要，构建管控区（园区周边）、缓冲区（中环线以内）、引导区（中环线以外）三层次的规划体系，并结合不同圈层的交通需求叠加关系落实设施布局、运营及组织管理方案。

第二，全过程贯彻 TOD 开发理念。在宏观规划上，倡导以公共交通为导向用地开发，根据用地开发的不同规

模选取不同等级的公共交通方式，大城市建成区的公共活动用地开发，应尽可能通过轨道交通等大容量公共交通设施引导用地开发。在微观设计上，要面向交通组织和管理开展交通设计，实现地块用地功能与交通功能的一体化。充分重视轨道交通站点、公交站点、步行、非机动车系统与地块建筑进出的衔接关系，特别是在轨道交通站点与地块的布局关系上，既要满足游客入场、离场的快速便利要求，又要充分考虑大规模客流集散安全因素。世博交通保障方案在宏观规划上以集约化交通为导向，在微观设计上虽然受制于上位规划的一些条件限制，但是努力通过开设短驳公交，合理规划步行流线等措施进行了弥补，总体适应了世博交通组织的要求。

第三，构筑多层次的路网体系规划。路网规划应与地块用地性质相适应，会展等大型公共活动交通需求规模大、辐射面广，在外部交通上要重点处理好地块与对外交通的关系、内外交通的衔接关系。首先，要围绕地块主要出入口，开辟与市区主要客流集散地、对外交通枢纽的快捷联系通道。世博交通保障方案即通过道路拓宽、提高道路等级、管理挖潜等手段满足地块开发的增量需求。其次，优化内外交通衔接关系。会展交通将产生大量的停车需求，入场高峰将大大降低地块边界道路的通行能力，可考虑预留辅道系统或设置内部平行道路，尽量将进出地块的交通与背景交通分离，减少交通叠加的相关影响。世博交通保障方案即通过大规模的区域路网分流，进出停车场路径优化等措施改善内外交通衔接，并减少对日常交通的影响。

第四，组织管理要求与交通规划的结合。传统的综合交通规划更加注重网络形态、设施容量的规划，偏重于城市空间结构形态的设计。而在会展等大型用地开发的项目上，规划只是其中的一个过程，而部分原来在布局规划层面没有得到充分重视的组织管理问题，可能逐步暴露，并日渐成为影响既有规划能否实施的焦点问题。因此在交通规划层面应充分考虑交通组织管理对用地、设施等规划要素的要求。世博交通保障方案即根据安保、道路组织等具体要求对规划方案进行了动态调整和优化。

小结：实践证明，依托骨架交通设施，充分考虑交通组织需要，增加临时性、功能新设施，采取临时性交通政策，较好地适应了世博期间的交通组织需要。

3 面向后续开发的交通发展策略

3.1 世博会地区的功能定位

根据《世博会地区结构规划》，未来世博会地区将突出公共性特征，围绕顶级国际交流核心功能，形成文

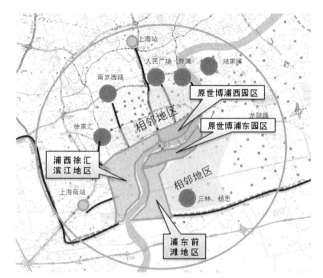

图 3 世博会及周边地块

化博览创意、总部商务、高端会展、旅游休闲和生态人居为一体的上海 21 世纪标志性市级公共活动中心。世博会的召开同步拉动了黄浦江其他区段的沿江开发，特别是黄浦江南延伸段的徐汇滨江和浦东前滩地区，面积近 25km²，该地区也定位为高端商务、商业、旅游、休闲、会展等功能，是中心城仅存的面积较大的待开发地块。世博会及周边地块的开发将形成一条沿江的开发走廊，并发展成为全市新的城市中心（图 3）。预计上述三个地区的岗位规模接近 25 万个，人口规模 20 万，日均交通出行量 200 万人次 / 日。

3.2 世博会周边地区交通发展展望

第一，发展区位由边缘性向中心性转型。

原世博会周边地区的用地性质由工业用地转换为公建用地，岗位增加，交通吸引率和吸引范围也随之增加，以世博会及周边地区为终点的交通出行将显著增多，到发交通需求增大。

第二，兼顾组团式和一体化发展态势。

世博会周边地区虽在空间上相互靠近，但受黄浦江的分割，其发展仍是以地块所在地域为主要腹地，浦西主要承接徐汇、黄浦等区域的交通出行需求，而浦东地块则主要承接浦东地块相关的交通出行需求。但由于滨江地块的连续性和越江设施边界性，仍具有一体化发展的潜力。具体如下：

世博浦西园区与黄浦地区的联系。世博园区浦西区域定位为文化博览，将与新黄浦的豫园商业网、新天地商业区、田子坊商业区、南外滩休闲带形成互为补充的文化休闲产业布局。除去就业通勤出行外，休闲出行比

重较大，夜间（小客车）及周末（大巴及小客车）的停车需求较大。

徐汇滨江区域与徐汇片区的联系。徐汇滨江区域定位为高端商务、商业、休闲、居住等功能，是徐家汇商务区的重要补充，提供大量的新增岗位，出行特征将以快速城际交通、通勤交通出行和商务出行为主，需倡导形成以公共交通为导向的交通体系。

浦东园区与园区以南毗邻地区的联系。浦东园区定位为高端商务、会展、休闲等功能，提供大量的新增岗位，将成为浦东地区的重要城市副中心，出行特征以快速城际交通、通勤交通和商务出行为主，其南侧的上钢、杨思、三林等大型居住社区为其提供了广阔的发展腹地。

滨江地块内部联系。由于滨江地块内部功能类似，又兼具互补，加上跨江交通设施的便利性，内部交通出行也具有一定的规模。对滨江环形交通组织和浦江水上交通提出一定的交通发展需求。

3.3 交通发展对策

世博会周边地区处于中心城区的边缘，虽然自身内部交通容量相对较大，但其北部、东部、西南部均为成熟的开发区域，交通需求大，交通矛盾突出。世博会周边地块开发后，地块功能由原先的过境交通为主，转变为过境与到发并存，如何处理世博会周边地区开发带来的交通叠加影响，是后续交通发展的主要方向。

第一，加强交通政策引导。目前该地块相关的道路、轨道、越江桥隧等交通基础设施已基本规划实施，在交通发展上应进一步强调通过经济、环保、公共交通等政策手段引导出行方式结构的优化，形成以公交出行为主导的地区交通出行模式，最大限度地减少与该区域相关的机动车出行需求。

第二，提升交通功能。主要对策包括：

加强与城际交通的衔接。高端商务、总部经济、会展等业态其交通服务要求超出市域，乃至全球的经济活动有统筹功能，城际间人员交流频繁，出行需求较高。重点提升徐汇滨江地区与浦东园区地块与对外交通设施的公交直达联系。

增强与相邻片区的通道联系。为提升相应滨江地块对其发展腹地的交通辐射力，应根据浦西园区与黄浦地区、徐汇滨江地块与徐汇地区、浦东园区地块与上钢、杨思、三林等居住区域的不同交通需求及特征，增加道路供给、完善道路功能，以此完善与相邻片区的联系。

增加公交线网的可达性。为引导公交出行，除轨道交通网络外，进一步完善该地块与周边区域的公交线网联系，并考虑增加公交换乘设施。

完善停车设施。世博会周边地区特别是沿江地区的停车设施尚未启动，但要充分意识到未来由商务、休闲、旅游等用地开发所带来的大规模的停车需求。

充分利用黄浦江水上交通资源。结合该区域临近黄浦江的特点，可研究充分利用水上交通的可能性。

落实货运交通设施。该地块内有大量的会展功能，根据经验，会展综合体举办大型专业展期间面临着1~2天内完成大规模撤展的货运交通压力。因此，通过在外围设置货车轮候区，有序组织货车入场，实现与客运交通时间上的分离；规划专用货运通道和货车出入口，实现与客运交通空间上的分离。

第三，优化交通组织管理。

分片区优化交通组织。建议根据不同地块的用地属性及交通特征，分片区地完善相关区域的交通组织管理。重点完善浦西园区与黄浦地区的休闲出行交通组织，徐汇滨江地块与徐汇区的通勤交通组织，浦东园区地块与上钢、杨思、三林等居住腹地区域的通勤交通联系。

完善区域性交通组织。世博会周边地区作为一个整体处于中心区边缘，用地置换开发后，到发交通与过境交通的矛盾加剧，要在更大的层面形成区域交通的组织体系。

4 结语

纵观近年来欧洲的几次世博会计划往往都是举办城市的大都市发展计划中的一个组成部分，且在规划编制中均充分考虑了近期会展运营和远期城市发展战略的统筹。上海世博会地块的规划实践也充分体现远近结合规划思路，即以世博园地块的开发为先导，带动其他滨江地块的开发，形成滨江产业带，进而形成上海中心城南部区域的新兴中心。而交通的发展也与地块开发利用的阶段性目标相结合，既注重骨架交通设施的超前建设，也注重临时性交通设施及交通政策的灵活应用，并取得了较好的成效。望上海世博会地块的交通发展战略可对其他城市的类似开发项目有一定的借鉴作用。

参考文献

[1] 上海市城乡建设和交通委会，上海市城市综合交通规划研究所. 世博会周边地区后续交通发展思路 [R]. 上海：上海市城市综合交通研究所，2011.

[2] 上海市城市综合交通规划研究所，世博交通研究中心. 世博交通保障方案技术报告 [R]. 上海：上海市城市综合交通研究所，2009.

[3] 崔宁. 重大城市事件下城市空间再构—以上海世博会为例 [R]. 南京：东南大学出版社，2008.

［4］Renzo LECARDANE，卓健．大事件——作为都市发展的新战略工具——从世博会对城市与社会的影响谈起［J］．时代建筑2003（4）．

［5］陆锡明，陈必壮，朱洪．世博集约交通［R］．北京：中国建筑工业出版社，2010．

［6］陆锡明．世博客流组织［R］．上海：同济大学出版社，2010．

［7］上海市城市综合交通规划研究所．上海世博交通［R］．上海：世博会交通协调保障组，2011．

奥运遗产的难题[①]
——设计超越奥运会的交通体系
The Olympic Legacy dilemma：
Designing Transport Systems for beyond the Games

皮特拉斯·里奥莫纳·周，
詹姆斯·沃伦，斯蒂芬·波特　文
冯慧　译

奥运会，城市再生，在伦敦已不是新概念。2012 年，伦敦第三次迎来了奥运会。新城镇及城市再生计划对这个国家以及首都伦敦的现代建筑形式发挥了重要作用。这次国际奥委会聚焦于可持续性和各方遗产问题，它们正是推动奥林匹克公园所在地复兴的核心主题。

其中有许多问题是交通基础设施的设计难题，比如，如何确定短期设计要求可能结合的灵活性，解决长期运输需求。但是，如何证明这两个主题可以切合参与奥运会的各利益相关者的期望值？其中一个有待解决的问题就是交通设施的设计难题——如何在高配置的短期设计的需求中结合进灵活的可解决长期交通需求的方案。

重建下利尔流域（Lower Lea Valley，英国最贫穷的地区之一）是 2012 年奥运会伦敦基础设施改造计划的重要组成部分。

运动员和观众离开后，奥运设施仍将被长期使用。某种程度上，他们提供了更好的生活标准和工作前景，改善的公共空间和更方便的残疾人通道。例如，吸取澳大利亚悉尼奥运会场馆的经验，伦敦奥运会体育场馆的设计能容纳众多赛事的同时，也可轻松地适应后奥运小型的活动的使用需求。奥运规划其实就是一座新城的规划，是为某个

特定区域创建一个新形象的绝佳机会。它是一个长期的规划，而不是仅仅为了短期的奥运会而存在。家庭、工作、社区的规划，也与交通设施规划相关，他们一起确保了经济、社会和环境的可持续性。然而，迄今为止，很少有证据表明过往的历届奥运让那些最需要获得改善的人和区域从中获益了[1]。历届奥运会所谓的可持续性和积极的遗产处理都是复杂的，不均衡的——比如，住房和交通的改善，以及社区及文化设施的改善。在对过往的这 4 座奥运主办城市——巴塞罗那、亚特兰大、悉尼和雅典在 9 个方面对奥运遗产的使用情况展开调查评估之后，伦敦议会[2]在一份文件中着重提到了历届奥运遗产的核心点。他们对这些城市采用"奖牌"评级制，获得金牌的就是最好的。评估结果已使用艾德里安·皮茨和廖汉文[3]的平衡积分卡作了汇总，见表1。莱韦特[4]的工作就是帮国际奥委会探寻适当的奥运会环境和可持续目标，用绿色奥运遗产来取代传统概念里宏观壮大的奥运会。尽管这种改变深受欢迎，但是，就奥运盛事的规模和对必要的基础设施的相关规定，有时想不留下任何负面的环境影响似乎是不可能的。

除了体育场馆的建造，人们对 2012 年奥运会和残奥会的高期望值已经根植于在伦敦之外的一些区，斯特拉福德的表现尤为强烈。伦敦奥运会宣传片[5]里就有提及："在这里举行奥运会，其整体改造之后的永久性遗产将会使得生活在这一片社区里的人们直接受益。"

但是，社区体验如何随时间（奥运前、奥运时以及后奥运）而改变呢（此处，对"社区"这个术语理解究竟有多狭隘？）？奥委会的"绿色条款"能否重新制定伦敦的城市设计策略？更广泛地说，怎样才可以确切地定义和衡量改进？从奥运会宣传片里我们很容易就可以看出，可

作者： 皮特拉斯·里奥莫纳·周，伦敦格林尼治大学的首席讲师、开放大学的访问研究员

詹姆斯·沃伦，英国东部剑桥的开放大学的高级讲师与职员导师

斯蒂芬·波特，教授密尔顿凯恩斯开放大学交通策略教授

译者： 冯慧，《商业地产 view》副主编

① 本文为三位作者对伦敦奥运会可再生、可持续交通供给的一些看法。

奥运会记分卡				表1
年份	1992 年	1996 年	2000 年	2004 年
主办城市	巴塞罗那	亚特兰大	悉尼	雅典
宣传语、愿景	再生运动会	百年运动会	绿色运动会	令人耳目一新的奥林匹克精神
城市更新	(+)	(−)	(+)	(+)
环境	细微 (+)	细微 (+)	(+)	(−)
城市经济	(+)	+	(+)	(−)
旅游	(+)	细微 (+)		
参与度	(−)	(−)	(−)	(−)
意识	(0)	(0)	(+)	(0)
就业	(+)		细微 (+)	
技能	(0)	(0)	(0)	(0)
综上所述	很正面	公正	正面	公正

注：(+) 指正面效应，(−) 指负面效应，(0) 指无改进，空白表示信息不足。
资料来源于英国议会，2007 年；记分体系参考 2009 年出版的《Pitts & Liao》的第 184 页

再生更多地关注的是经济的增长和降低失业率。表1 中的两个关键因素——技能和就业也是证明。由此可见，前几届奥运会并没有在这几方面留下拿得出手的遗产。

交通遗产和愿景

2012 年伦敦奥运会的地面交通规划被视作可以为伦敦东部的经济和社会改造提供基础设施遗产。显然，这是一个战略设计难题——让带有明确界定需求的交通设施的设计，同时为未来不确定的经济和社会发展提供机会。遗产需求对于城市经济更为重要，但是短期目标设计的要求是更具体、更容易被理解以及获得赞助。这个设计难题是一个有深度的问题，它已经超出了当前 2012 伦敦奥运会的范围。通常，交通方案设计解决的是某个特定市场——如，为特定的发展提供机会——它基本不关注对其他市场、社会及经济的影响。同样，为重大活动而设计的交通体系，评估的依据是其峰值负荷。

拥有当今世界第一特大城市之称的伦敦，现在进入了一个新时代——"绿色"时代。伦敦能否引领这个这新概念？奥运会规划的那些点该如何朝着这个方向走？2012 年奥运会投标前期，莱韦特探讨了许多这方面的问题。可持续性交通的创新，即便有时它还存在争议，但是伦敦在这一方面已取得历史性的进步。拥堵处理方案和低排放区在部分城市范围内展开推广，鼓励当地居民开电动车、骑自行车和步行，以此改变当地居民的出行习惯。为了奥运会，伦敦所做的准备包括，规划通过节能和资源再生实现低碳排放，通过为当地的野生动物创建新的栖息地来实现保护生态环境。

遗产是被谈论得比较多的话题，关于遗产的一个主要话题是奥林匹克公园可再生的目标：可持续发展的、健康的邻里关系。但是，奥运之前及奥运期间，伦敦交通需求承载的将是成千上万的观众、运动员、给养人员和志愿者，还有来自全世界 200 多个国家的媒体记者。交通一向被列入其核心议题，因此，总规划公布时一些交通设施已完工。如：连接圣潘克拉斯和斯特拉特福的 Javelin 高速轨道。尽管已经全力引进新的交通、改进现有的公共交通运营，预测显示奥运会之后的交通需求相比奥运会之前的要高。[6] 对于地面交通设计，其难点在于：它们本为运动会所设计，但必须兼顾后奥运使用的考虑。这一项遗产管理所涉及的因素不仅是 "活动管理" 盒子之外的，本身也存在很大的不明确性（例如：交通设施得要能够应付一系列经济的发展情况，还不能继续呈现不可持续的状态）。遗产问题显得更加无形。

一点也不奇怪，各个城市越来越注重奥运交通的运作规模：亚特兰大奥运会雇用了 15550 名工作人员来完成交通供给；悉尼奥运会在交通上的投入了高达 370 多万美元；雅典奥运会期间，交通承载的客流量高达 2170 万人次[7]。只有确保这些交通设施的高效运作，奥运会才能顺利举办。这是一个特定的、已知的、可理解的状况——尽管用一种可持续的模式来承载高负荷的游客线路极具挑战性。2012 年伦敦奥运会，城市交通网络，每天除了现有的运载负荷外，还得接送运动员、官员、媒体，观众、

工作人员和志愿者（见表 2）。这是一个巨大的规划任务，但它是奥运规划因素中最大的但目标非常明确的环节，这些规划因素包括体育项目的参与者、观众、志愿者、工作人员等。类似交通流量在奥林匹克公园内同样存在，2012 年伦敦奥林匹克公园每天都将要接纳近 20 万的游客[8]。公园内没有私家车的入口和停车场，但在公园内及周边设置了 7000 多辆自行车的停放点。此外，随着新建和改建地上、地下的轨道交通设施服务的投入的增加，它们的承载量也相应扩容。届时，将能接纳每小时近 25 万人次的客流量。如此一来，2012 年的伦敦奥运交付管理局（ODA）就可实现首届"公共交通"奥运。[9]

**2012 年伦敦奥运会、残奥会的参与
人数预测（单位：人）　　　　　表 2**

预测	奥运会（7 月 27 日～8 月 12 日）	残奥会（8 月 29 日～9 月 9 日）
代表国	203	170
奥运会 / 残奥会大家庭	55000	16000
其中：运动员和团队官员 媒体	17800 22000	4000 4000
赞助商和嘉宾	30000	（未知）
总售票数	7700000	1400000

任何在交通基础设施中的投入只有在未来的使用中才能判断其正确与否。奥运后那些未被充分利用的或者需要通过增加大量投资来发挥他们使用功能的轨道交通及其他交通网络，都被视作为极其低效的行为。就伦敦来说，这些交通设施的建造和其他城市的交通系统那样被快速地塞进城市，在某种程度上，伦敦的这种投资意识具有历史性的意义。

然而，奥林匹克运动所带来的机遇远多于运动会本身，就北京和其他一些奥运会举办城市来说，它诉诸这些国家的未来愿景。对交通而言，奥运会只有绕开政府和交通规划部门才有可能建立起一套可持续的交通体系。为了平衡城市需求，以功能高度混合的土地、便利的设施和设备、结构紧凑、机动车限行、位于核心区以及重点公共空间的轨交[10]为特色的典型"城中村"，或许非常有助于后奥运期规划的成功。这样可以减少汽车和卡车使用，但事实上，人们对汽车和卡车的需求只会有增无减。这一挑战已经超越了奥运遗产设计的潜能。因此，Diesendorf 建议，要向一个更可持续的城市或都市村庄转变，就得通过教育、资讯宣传合理的价格体系、新的法规与标准以及制度变革等方法来降低人们对机动车的偏好。

当人们要设计一座新城或者改造大型城市片区时，总希望能寻找到'一次性成功'的解决方案。但事实表明，大多数的措施都需要几十年的时间才逐渐成熟并不断地接受现实的评估 [看看莫卡纳关于恶犬岛（Isle of Dogs）35 年的再生的 4 个发展阶段的分析，就会明白[11]]。一座新城及其可再生性对于创造一个在未来能实现可持续发展的社区非常重要。同样，它又是无法预料的，当下的一切设想都得在几十年后的未来才能被使用者和观察家们所确定。因此，我们观念中的遗产成功部分程度上取决于如何定义成功，以及接下来的段落内容。

硬影响力和软影响力

对于不同的利益相关者，影响力指代的内容各不相同。同时，因影响力多变的含义，人们在解读它时，很容易发生混淆，而且通常难以将其量化。就奥运会而言，广义上的遗产设计，指的是创建一些架构、一些事物及其过程，主办城市能从中获得持续不断、永久性的利益。"实现遗产对社会的益处，是一项棘手的任务，但确实很重要。任何投资的测度元素都要求获得超越其纯粹的经济回报之上的遗产价值。在这一领域，主观评价和鲜少证实的断言压倒了源自公众的对该价值的评估。"[12]

这些价值评估的难点之处在于它的"后见"作用，直到奥运会结束，人们才能知道它的影响力。而不同的主办城市间的差异如此之大，以至于只能将它直接跟每个城市状况中所反映出来的海量信息相比。很大程度上，此类大型的活动的要求都是从"场馆一"入手，这预示着一切从头开始。这在莱韦特看来，付出的代价是昂贵的经济价值和环保意义。在 'Gold and Gold'[13]中，奥运遗产被分为两种主要形式：

有形的 / 硬性的——例如，体育设施、基础设施、城市和经济的再生、就业、可持续性促进、无障碍环境以及文化旅游；

无形的 / 软性的——例如，运动会参与者、内在素质、技能、经验、国际间支持、团队精神、友谊，奥林匹克价值、场地提升、自愿活动以及记忆。

回顾历届奥运会，硬性遗产的规划已经被大量关注。例如，伦敦奥林匹克体育场的设计，通过设计明确的两个目标，一套更大的设备集成，来满足无论是高峰期还是之后低谷期的人流需求。体育场的设计充分考虑了其在奥运期间能容纳庞大的人流，而后奥运阶段通过调适满足小众人群的功能需求。

然而，软遗产的获利，如自愿服务、技能、体育参与者和对伤残人士的关注都属于过程管理，就像人们各

种行为的变化跟主办城市的社会文化和经济结构密切相关一样。它是历届东道主城市想要创造出的标志性产物，这跟物理基础设施所需的行为和技能存在着很大的区别。相比建造那些体育场馆，提供更多就业机会实现的时间更长，但这需要更高层次的努力和激励机制的出台才能实现。

有一些想法值得大家关注，那就是奥林匹克运动越来越追求硬遗产和软遗产的整合。例如，在一次由国际奥林匹克委员[14]会赞助的学术报告会上，专家们提出"遗产"这一术语具备多样性，并得出结论：

"'遗产'的影响力是多方面、多维度的，它涵盖了更多的已被认知的内容——如，建筑、城市规划、城市营销、体育设施、经济和旅游的发展，还包括其他一些还未获得认可但确实很重要的内容——即所谓的无形遗产，诸如创意产物、文化价值，不同文化间非排他性的经验（基于性别、种族或身体条件），大众记忆、教育、文献、集体的力量和志愿精神、新的体育运动从业者等，全球范围内的知名度、经验以及技能。"

此外，国际奥委会主席雅克·罗格（Jacques Rogge）在出席2007年芝加哥全球事务理事会大会时解释了遗产的重要性：

"遗产是我们的得以存在的理由。它使得奥运会的价值超越了距离和奖章……价值观、合作伙伴以及遗产均要求我们把奥运会办成人类精神的不朽盛典……一旦当选奥林匹克城，这座城市将是永久的奥运之城。无论运动会在城市的哪个区域举行，这座城市所发生的变化是抹不去的。"

后奥运体育设施的使用只是设计难题中的一个潜在的问题，这个问题很容易就能被人们所想到。至今，伦敦奥运会的后奥运功能里还没有配备小型体育馆，也没有大型的媒体中心，由此在长期需求的满足及盈利能力方面引发了一系列的严重问题。经观察，千年穹顶也存在类似的问题，自2005年O$_2$体育场被私人拥有后，它的盈利与否公众已无法知晓。

一个符合奥运会的具有明确需求的交通基础设施，仍然是策略设计的难题。同时，它的遗产给出的回馈却是不明确的经济和社会的未来。遗产需求比城市经济更重要，尤其是从长远角度看。但是，短期的设计需求更带有一定的指向性，且容易获得赞助。

奥林匹克公园，2012及以后

图1，从不同的阶段或者程序，构建出奥运期间及之后的时间段，并以此来诠释该设计难题。[15] 从功能上看，

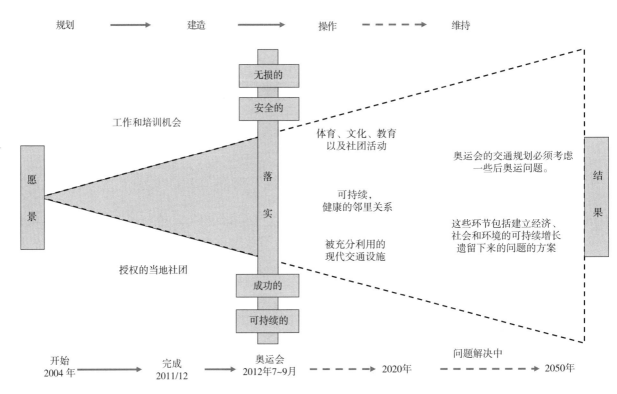

图1 2012年伦敦奥运会及之后的交通规划和实施
参考2008年出版的'RAND'，第2页

主要分为三个主要时段：规划阶段，比赛阶段和遗产阶段。这三个阶段的周期分别为 5 年、60 天、至少 10~25 年，不同的时期各有各自独特的要求。硬件交通基础设施的功能的设计和建造是奥运前期（规划阶段）最关键的，它伴随着运作阶段和维护阶段，贯穿于奥运会项目启动期、奥运前期测试期，直到这些设施退役、拆除或者重建。在图 1 的竖轴中，虽然没有刻意地做标识，还是可以看出大量的资金投入到了规划阶段，无论是社会或者经济方面。奥运前期对这个"锥体"中的资金投入越多，人们对其所产生的遗产的期待值就越高。这个轴测图，还代表了日趋复杂的后奥运议题，未来无法通过一个或某个点就能轻易地被预知。未来的时标中的交通也是复杂的，因为基础设施的典型生命周期为 20 年到几百年。由此引发的一个疑问就是未来，我们所设计出的这些遗产能使用多久？它也引发另一个奥林匹克公园遗产公司要考虑的问题：这些交通设施的未来和需求适合哪种类型的城市肌理？

亚历山大[16]在解释英国新城镇及其起源和遗产的重要性的同时，也从过去的一些项目和新发展中的一些突出难题中，为当下的我们总结了一些教训：

"周边地区很容易沦为贫困区、无车住区以及诸如人行道、地下通道和自行车道等高犯罪率、维护高昂的公共区域。"

穆尔[17]在写伦敦奥运会的潜在问题和创新解决方案时，对伦敦奥运会场地可再生的长远性成功的描述惨淡：

"被有待开发的遗产所圈围的奥林匹克公园，是另一笔累赘的资产……通往公园的道路，必须横穿过这些场地，越过连贯的走廊才能抵达目的地……奥林匹克公园将不会被充分利用，可怕的是，它也几乎不可能保持良好的秩序。"

交通基础设施也会遭遇同样的命运吗？

衡量奥运会的成功与否，在于运动员、观众及其他相关团体当时所获得的相对舒适度。而成功交通基础设施则意味着奥运之后它能继续投入常规的、持续性的使用。一旦这些基础设施无法让人们方便地到达他们想要去的地方，或者因为疏忽而增加了不可持续的到达习惯和做法，都预示着交通基础设施规划的失败。如此一来，后奥运场地可再生也就回天乏术了。

遗产设计需要考虑下述领域的互动性以及它们的角色分工：

• 运输系统：在不降低生活质量的前提下，缩短通勤距离，并降低整体流动。

• 公共空间：各行业自给自足，优先使用低排放的公共交通、拼车制以及人力驱动出行。

• 城市空间设计：不依赖货运以及使得便捷的多式联运，减少车辆排放量和流动性（比如，低排放区，或无车住区，或集中收费区）。

• 适应能力：随着时间的推移，新工艺的运用，文化上的变化能够迅速被吸收，并使其朝着可持续交通系统方向发展。

参考文献

[1] A.Vigor, M.Mean and C.Tims（eds）.*After the Gold Rush—A sustainable Olympics for London*, ippr and Demos, 2004, ISBN 1 86030 260 2（in p. xi）

[2] London Assembly: 'A Lasting Legacy for London? Assessing the legacy of the Olympic Games and Paralympic Games'. Research commissioned by the London Assembly from the London East Research Institute of the University of East London, published by the Greater London Authority, 2007, ISBN 978-1-84781-022-9

[3] A. Pitts and H. Liao: Sustainable Olympic Design and Urban Development, Routledge, 2009

[4] R. Levett: 'Is Green the New Gold? A sustainable Games for London'. In: A.Vigor, M.Mean and C.Tims（eds）.*After the Gold Rush—A sustainable Olympics for London*, ippr and Demos, 2004, ISBN 1 86030 260 2

[5] London2012: 'Olympics Candidature File'.Volume 1, 2004, available at: http://www.london2012.com/news/publications/candidate-file.php（quote on p.19）This document has now been removed from london2012.com

[6] T.Juniper: 'How green is London?'.in *Green*, National Geographic Magazine special supplement, winter 2009—10, 22—30

[7] RAND: 'Setting the agenda for an evidence-based Olympics—A research agenda for transport and infrastructure'. RAND Europe, TR516, 2007, available at: http://www.rand.org/pdfrd/pubs/online/

[8] ODA: 'An inspiring legacy, A great future after a great Games—A description of the ODA's vision for the Olympic Park and its lasting legacy'.Olympic Delivery Authority, 2007, LOV/24/07, available at: http://www.london2012.com/about-us/publications/

[9] ODA: 'MOVE—Transport Plan for the London 2012 Olympic and Paralympic Games', second edition consultation draft, Olympic Delivery Authority, London, 2009（quote on p.1）

[10] M.Diesendorf: 'Urban transportation in the 21st century'. *Environmental Science & Policy*, 2000, Vol. 3, 11—13

[11] M.Carmona: 'The Isle of Dogs—catching up with the regeneration story'.*Town and Country Planning*, 2009, Vol. 78, November, 496—500

［12］RAND： 'Setting the agenda for an evidence—based Olympics—A research agenda for transport and infrastructure' . RAND Europe, TR516, 2007, available at: http: //www.rand.org/pdfrd/pubs/online/

［13］J.R.Gold and M.M.Gold（eds）: *Olympic Cities—City Agendas, Planning, and the World's Games*, 1896—2012. Routledge, 2008

［14］IOC: 'The Legacy of the Olympic Games 1984—2000: Conclusions and Recommendations' .2003, available at: http: //multimedia.olympic.org/pdf/en_ report_635pdf, （on p.2）cited in n: J.R. Gold and M.M. Gold（eds）: *Olympic Cities—City Agendas, Planning, and the World's Games*, 1896—2012. Routledge, 2008（quote on p.320）

［15］RAND: 'Setting the agenda for an evidence—based Olympics' . Evidence—based Olympics team, Cambridge, UK: RAND Europe, RB9314, 2008（figure on p.2）

［16］A.Alexander: 'A fresh appraisal of the new towns programme' . *Town and Country Planning*, 2009, Vol. 78, November, 479—83（quote on p.482）

［17］R. Moore: 'A sporting chance for London' . *Prospect*, March 2010, 58—60（quote on p.60）

香港的"风土人情"：规划篇

黄伟民　陈巧贤

【摘要】"风土人情"本是一个地方特有的气候、地理环境和民间风习等总称。本文尝试将"风土人情"分成"风"、"土"、"人"、"情"四项个别的元素，逐一以城市规划的角度加以联想，并从中解读香港就上述四方面实践城市规划的一些体验。

1 引言

世界上每个地方的气候、地理都不尽相同，所蕴藏的历史文化气质亦各有差异。"风土人情"一词，恰恰能够综述一个地方特有的气候、地理环境和民间风习。

香港亦充溢着饶富特色和魅力的风土人情。谈到香港，你对她有什么印象呢？也许，我们可用以下一连串的词语来概述吧！

1.1 弹丸之地、山水之城

从地理位置而言，香港位处中国东南端的珠江口岸，是珠江三角洲自然地理区域的一部分，与广东省山水相连。香港可说是"弹丸之地"，面积仅逾 1100km²。她也可描述为一座"山水之城"（图1）：地势崎岖不平，山多平地少，由香港岛、九龙半岛、新界及超过 260 个被海水环抱的离岛组成，居中有维多利亚港（简称"维港"），而唯一较广阔的平地则位于新界西北部。地貌因素对香港的城市发展模式，甚具影响。

1.2 繁华人稠、寸金尺土

2010 年年底，香港人口已达 710 万，平均人口密度

图 1　香港——山水之城

作者：黄伟民，香港特别行政区政府规划署助理署长／全港

　　　陈巧贤，香港特别行政区政府规划署高级城市规划师／跨界基建发展

注：本文内容乃作者观点，并不一定反映香港特别行政区政府的立场。本文的照片均来自香港特别行政区政府规划署。

约每平方公里 6540 人，是世界上人口密度最高的地区之一。在这人烟稠密的城市里，社会经济活动甚为频繁。在繁华的背后，香港显现着国际大城市"寸金尺土"的特色：集约式的发展空间，地价、楼价和租金高企等。一些人认为香港仿如石屎森林，但另一方面却发现她其实是个多姿多彩和方便畅达的城市，亦拥有不少弥足珍贵的天然资源及地貌，例如优良的深水海港、翠绿的山峦、迂回曲折的海岸线、极具生态价值的湿地，以及具特殊地质价值的岩石等。如何能有效地运用有限的土地资源，满足社会、经济、民生、环境保育等多方面殷切的土地需求，常成为香港社会所讨论的焦点。

1.3　国际都会、优秀城市

香港是一个国际大都会（图 2），面积虽小，却拥有不少美誉，常被喻为"东方之珠"、"美食天堂"、"购物天堂"等。香港在世界性及中国城市的排行榜中，亦屡获殊荣，例如：多年来，香港在"全球金融中心排行榜"中名列前茅[1]；而今年的世界经济论坛报告更显示，香港金融发展指数排名榜首。在"2011 中国城市分类优势排行榜"中，香港囊括了六项第一，包括"2011 中国十大创富城市"、"2011 中国十大高效政府"、"2011 中国十佳诚信政府"、"2011 中国十佳优质生活城市"、"2011 中国十大文化城市"以及"2011 中国十大长寿城市"之冠[2]。然而，在 21 世纪的全球化年代，各地城市纷纷崛起，香港能否继续维持及提升其竞争力，亦是香港社会所关心的议题。

1.4　中西荟萃、一国两制

百多年前的香港，本是一个蕞尔渔村，迄今亦保存着许多富有本地色彩的文化特色。其后，香港经历过英国殖民时期，无论在政经模式以至城市建设，均受西方文化的影响。1997 年，香港回归中国，并于 7 月 1 日成立中华人民共和国香港特别行政区（香港特区）。按照"一国两制"的方针，香港特区保持原有的资本主义制度和生活方式，50 年不变，并且实行港人治港，基本享有高度自治权[3]。香港所走过的历史轨迹，在其发展形态中留下标记，中西合璧的建筑物俯拾皆是，成为香港的特色之一。

上述的香港印象只属一鳞半爪，但亦可助读者们初步了解香港的一些较鲜明的特质。在余下的篇幅，我们尝试以一个新的角度去检视香港的"风土人情"，将"风"、"土"、"人"、"情"看作四项个别的元素，再从城市规划的角度逐一加以联想，解读香港就相关方面的城市规划历程。

2　风

"风"，令人联想到与气候有关的风、城市的通风情况和报章上有关"屏风楼"的报导。这些课题，均与城市规划息息相关。

图 2　香港——国际大都会

先谈及与气候有关的风吧！我们如何利用城市规划去融合及改善风环境呢？

2.1 季候风与全天候的行人网络

香港位处亚热带，夏季炎热潮湿，冬季一般温度较低而风势较大。香港亦是季候风的活跃地带。每年7至9月是香港最有可能受台风影响的月份；而实际上，每年5月至11月期间都有可能受不同强度的热带气旋吹袭。热带气旋带来的豪雨可能持续数日，有时会引致山泥倾泻和水浸等灾害。香港不时受到季候风的影响，而港人的生活及出行方式亦在一定程度上与此配合。

在香港，我们十分注重建设"全天候"的行人网络系统（图3），或国内所称的"立体步道"，方便市民"无惧风雨"、"风雨不改"地出行及进行其他活动。香港多年来努力完善行人网络系统，使之成为香港城市公共空间的一部分。行人网络由建筑外部的空中连廊、地下通道和地面行人道，以及建筑内部的公共通道构成。在香港的市区及主要的市镇内，均设有覆盖范围甚广的地下铁路行人网络，并串联起居住、办公、商务、购物、休闲等各类设施，让市民在风雨中亦能安心无忧地穿梭居所或城市里的其他活动空间。遇上悬挂八号台风信号的额外休假日，不少市民更会利用这些"全天候"行人网络，拥到酒楼或电影院共享天伦，哪怕外面是横风横雨呢！

香港紧凑和混合用途的发展模式，亦有利提倡以行人为本的城市及以步行作为经常性的交通模式。在香港特别行政区政府规划署（简称"香港规划署"）所拟备的《香港规划标准与准则》中，我们鼓励行人环境应以利便步行及畅达为主。行人设施或行人环境改善计划不应单独地规划，而须与附近的土地用途配合。更重要的是，应以全面

及平衡各公共空间使用者需要的方式，来作出行人环境规划，并建议采用包括以下三个元素的行人环境规划策略：

（1）改善铁路载客范围的行人环境规划

铁路是香港土地用途规划和公共客运网络的骨干。现时，全港达75%的商业及办公室和42%的住宅位于铁路站500m范围内。未来，当局亦会继续透过在铁路载客范围内作出更佳的行人环境规划，鼓励市民以步行配合铁路作为综合交通模式。未来的策略性发展将设于铁路车站附近，以推动行人环境规划。

（2）加强对非铁路公共运输网络的行人环境规划

诚然，高载客量的铁路系统不可能建至城市每一个角落。非铁路公共交通工具（包括专利巴士、公共小型巴士、电车及渡轮等公交）可补铁路网络的不足。公共运输交会处应与铁路车站设于同一地点，以利于市民从铁路很快捷地转乘其他公共交通工具。故此，非铁路公共运输网络（特别在主要的公共运输交会处）也应作妥善的行人环境规划。

（3）在地区层面发展行人网络

行人网络及设施（包括机动设施）若规划及设计得宜，可方便市民从交通枢纽步行前往活动节点，故应鼓励在大型屋苑和其他发展区内，提供行人网络及连接交通枢纽的行人通道。

《香港规划标准与准则》亦详述其他有关改善行人环境规划的原则、概念和准则。总括而言，我们鼓励行人网络的妥善连接，注重人车分隔、行人安全、行人设施设计的舒适畅达，以及缔造富吸引力的行人环境。最近，广东省省委政研室及广东省住房城乡建设厅透过到香港的实地考察，出台联合调研报告《学习借鉴香港经验，推进城市中心区立体步行道建设》。报告认为，广东具有建设城市

图3 "全天候"的行人网络

中心区立体步行道的必要性和可行性，建议将其作为大中城市政府提高城市化发展水平工作考核的重要指标[4]；相信广东省和香港日后可多就这方面交流经验。

2.2　城市的风环境与屏风效应

再谈谈香港城市的通风情况和与此相关的"屏风效应"吧！香港既是全世界人口最稠密的城市之一，同时又属于亚热带气候，夏天的天气炎热潮湿。因此，香港市内基本上需要更多通风，借以降温及带来舒适的建设环境。

2003年，严重急性呼吸系统综合征（简称"沙士疫症"）唤醒香港市民关注市内的自然通风问题。同年8月，港府公布了《改善香港环境卫生措施》的报告，当中罗列了不少建议，包括研究在所有大型发展、重建计划和未来的规划时，把空气流通评估列为考虑因素的可行性，以及订定有关评估方法的标准、应用范围和实施机制。同年10月，香港规划署展开了"空气流通评估方法可行性研究"，并委托国际专家作顾问。规划署已根据研究的结果制定了一套改善空气流通的设计指引，当中包括透过设定主风道及空旷地方和适当的街道布局，就楼宇的设计及布局提供参考，以及利用不一律的楼宇高度和结集程度等，以避免阻挡风的流动。有关指引已于2006年纳入《香港规划标准与准则》的《城市设计指引》内。

研究指出，香港市区的建筑相当挤迫，若要改善香港的空气流通情况，关键在于改善城市的设计及规划，尽量令空气流动。研究提出一系列设计指引，以改善空气流通，举例如下[5]：

（1）主风道 / 风道（图4）

在人烟稠密的都市中，须保持良好通风效果。主风道可以道路、空旷地方及低层楼宇走廊形成，引导气流深入都市内。在主风道或风道上，应避免有伸延出来的障碍物，以免气流受到阻挡。

（2）非建筑范围（图5）

不少建筑物会争取某些方向的景观，地尽其用，以致建筑物过分集中，有碍通风。因此，在发展用地的规划及定向时，应让建筑物较长的一面与风向平行，并尽量设立非建筑范围及建筑退入区，达到最大的透风效果。

（3）建筑物的高度（图6）

在可行情况下，应尽量避免建筑物高度一致。原则上，建筑物越接近盛行风的风源方向，其高度便应越低。这种梯级型的建筑物高度设计概念，能够大大改善建筑群的通风情况。

另外，香港市民对城市面貌日益关注，并要求当局采取行动，制止进行会产生"屏风效应"的发展项目。"屏

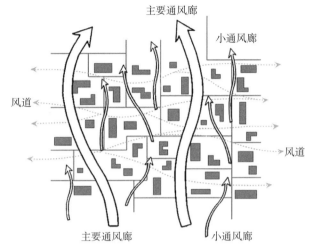

图4　主风道设计概念

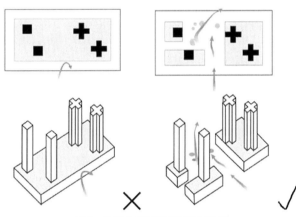

图5　改善非建筑范围的透风效果

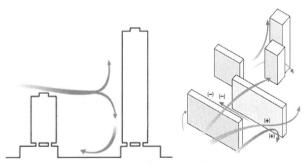

图6　利用建筑物的高度设计改善通风情况

风效应"的现象一般是指高密度和体积庞大的楼宇对附近居民的通风环境造成影响。为处理发展项目造成"屏风效应"的问题，当局已推行了一系列的措施[6]。其一，当局正逐步检讨各区的分区计划大纲图，在有充分理据的情况下修订有关的规划参数，以减低发展密度，借以推广优质城市和环境。当局亦于2006年发出一份技术通告，就与空气流通评估有关事宜提供清晰的指引。负责进行大型政

府项目的部门／决策局或有关当局须在项目规划及设计时间进行空气流通评估,确保会适当地考虑空气流通方面的影响。该份技术通告为大型政府项目所进行的空气流通评估提供内部指引。当局亦会为政府可供出售的用地进行空气流通评估,以评定发展项目对行人道上风环境的影响。当局更鼓励半官方机构(例如:市区重建局)及私人发展商为其发展项目进行空气流通评估。在个别土地用途地带(如"综合发展区"),当局或要求其总纲发展蓝图须连同空气流通评估结果一并呈交香港城市规划委员(简称"城规会")批准。至于其他须申请规划许可的用地,空气流通评估可列为规划许可的附带条件。

为进一步探讨制定一套空气流通基础标准的可行性,以及完善空气流通评估系统等工作,香港规划署正进行"都市气候图及风环境评估标准可行性研究"。该项研究旨在提供"都市气候图",以鉴定气候易受影响的地区,以便为制定空气流通标准提供科学基础。有关标准可供拟备图则及评估主要发展对风环境的影响。

简略而言,空气流通问题是密集式的城市发展模式所衍生的"城市病"之一。在城市规划方面,香港正逐步作出改善,尽量以科学基础去拟备城市的设计指引及空气流通评估指引,为"城市病"进行针灸,以改善城市的通风效果,令香港变得更风和醉人。

3　土

"土",令人联想到土地。

如上文所述,香港是"寸金尺土"甚至是"尺金寸土"的"弹丸之地",社会各界对发展用地的需要甚殷。香港的面积仅逾1100km²,当中大部分是崎岖不平的坡地或具生态及景观价值的土地,开发土地仅占约24%。那么,香港的发展用地从何而来?

3.1　移山填海、善用资源

以前,香港主要倚赖移山填海来扩展土地。填海(图7)一直是行之有效的方法,提供可发展的土地,特别是维港内的发展。然而,自《保护海港条例》于1997年生效及2004年有关终审法院判决后,严格限制了维港之内的填海活动。香港的填海面积便告大幅减少。1985年至2004年期间,即使不计算赤鱲角和西九龙的填海面积,每年平均填海约120hm²,2010年则减少至只有1hm²[7]。

时至今日,公众对自然保育日益关注,开发新土地资源的方式亦须作多方考虑,更成为香港当前的核心问题之一。最近,香港特区政府正锐意审视现有土地用途或开拓土地来源,以应付香港的房屋和经济发展中长期需要。例如研究在维港以外填海及开发岩洞等。在维港以外进行适度填海,既有助提供土地储备,亦可助解决填料和污泥处置问题,可谓一石二鸟。除一般在海滨位置进一步填海外,当局亦考虑以填海形式发展人工岛,作为长远的土地储备来源。另外,开发岩洞也是当局新近以创新思维去拓展土地的考虑方式之一,以利用香港的地质优势,将坚硬的火成岩凿开,制造岩洞空间,增加土地供应,或可腾出土地兴建房屋及作其他用途。在开凿后的山洞里,可考虑重置一些合适的公用设施(如变压站和污水处理厂)或货仓等;或可参考北欧的例子,在岩洞兴建图书馆、教堂、演唱会场地等设施。当局正就有关建议积极向市民咨询意见,集思广益,务求以稳定和可持续的方式满足土地需求。

就香港而言,未来土地规划的路向将是怎样呢?香港规划署尝试透过进行"香港2030:规划远景与策略"(简称"香港2030研究"),提出广泛概念和规划方向,并制定一个发展框架,使香港迈向更可续的发展。除平衡社会、环境及经济的考虑外,可续的发展的另一项重要原则是良好的资源管理,这意味着须更有效地利用土地及基础设施等资源。"香港2030研究"提出"以少做多"的未来发展

图7　填海造地的典型例子

路向：在追求优质生活、提高效率的同时，应尽量节约资源，并需对在未开发的土地上开展大型建设工程持审慎态度。按照这个路向，研究提出了多项规划策略建议，例如限制城市的扩展、确定发展"止步"地区；继续采用一个整合土地利用、交通和环保的规划理念，增加城市的运作效率和土地利用的效益；以及鼓励土地及楼宇循环使用，如透过改划工业地带作其他用途、放宽工业地带的许可用途，或推出活化工厦的措施，以便因经济转型而出现过剩的工业楼宇得以灵活地使用[8]。

3.2 大兴土木、适度发展

20世纪70年代初，香港政府开始在新界区进行大规模的新市镇发展，以应对人口急剧增长带来的住房需求。现时，香港有9个新市镇，包括荃湾、沙田（图8）、屯门、大埔、元朗、粉岭／上水、将军澳、天水围和北大屿山，在全面发展后，可容纳人口约400万[9]。

新市镇的住宅发展地积比率（或内地所称的"容积率"），曾于20世纪80年代进行检讨，其后将上限分别上调，由5.0调高至8.0（如将军澳新市镇）。然而，将军澳的经验促使当局反思地积比率对建筑形式及城市景观的影响，并以此为鉴，及后便降低新市镇剩余未开发地区的发展密度[8]。时至今日，随着本港社会发展成熟，市民较以往重视发展与环境平衡，故当局未来不再发展密度较高的新市镇，而改以"新发展区"概念建设小区，缩减发展规模，如启德之类的中型新发展区和新界北的新发展区[9]。为确保更平衡的发展模式，并提供有别于市区高密度模式的生活选择，新发展区建议发展为中低密度的枢纽式发展群，尤其在车站周边地区。新发展区亦建议全面规划作混合土地用途，着重创造优质方便的生活及工作空间。这有

助充分利用铁路及其他基础设施，提供房屋用地，改善乡郊环境，复兴乡郊经济，以及增加就业机会等[8]。

3.3 保育资源、持续发展

香港土地的珍贵之处并不在于它的面积，而是它所蕴藏的特质。在这个繁盛的国际大都会里，竟约有四分之三的土地仍是郊野，而当中超过四成的土地已划作保育用途，例如郊野公园、海岸公园、湿地公园、地质公园（图9）等[10]。这些青葱的郊野不仅是各类动植物的安乐窝，还展示了不少极具观赏价值的岩石和天然地貌，而且大多交通便利，与市区只是咫尺之遥，市民和游客可在一小时车程之内，信步可至，随意观赏。这些地质瑰宝和郊野土地均展示了香港自然保育的成果，保育、教育及康乐价值兼收并蓄，诚然是弥足珍贵的天然资源。

香港地质公园刚于2011年9月获联合国教科文组织列入世界地质公园名录。它拥有奇特雄伟的岩层海岸，多彩多姿的生态环境，而且邻近市区，在世界级的地质公园中非常独特。这项殊荣，对香港来说有着特别的意义：香港的国际形象应不仅限于大厦林立的繁华市区，而是一个自然均衡和健康的国际大都会。

在香港，城市规划的目标是透过引导和管制土地的发展和用途，并循着可持续发展的原则，为市民提供优质的生活环境和推动小区及经济发展。当局根据相关法例，在法定图则上划定作保育用途的土地用途分区，以推进保育工作。然而，这个规划过程并非平坦，市民意见时有分歧。例如有关当局最近建议将多幅私人土地，纳入郊野公园或分区计划大纲图，虽得到保育人士的支持，却遭到乡郊地区土地拥有者以损害原居民的发展权益为由而强烈反对，类似情况屡见不鲜（图10）。香港适用作发展的土地有

图8　沙田新市镇

图9　香港地质公园及湿地公园

图10　村民反对政府将村地规划作保育区

限，开拓土地的工作（特别在涉及征收土地方面）越来越难，需兼顾公众诉求、生态环境、经济社会等多方面的考虑。因此在土地运用方面须力求平衡，以满足住屋、工商业、运输、康乐、自然保育、文物保护和其他小区设施等方面的需求。

4　人

谈到"人"与城市规划的联想，顿时使人想起"以人为本"的规划理念。这理念的体验，在于让市民参与城市规划的过程及表达意见，以及从"人"的角度去思索及优化规划。

4.1　公众参与、集思广益

经过多年的演进，公众参与已成为香港的城市规划制度不可或缺的一部分。

就法定规划程序方面，《城市规划条例》于2005年进行修订，以简化制定图则及审批规划许可申请的程序，同时使规划制度更公开透明。根据《城市规划条例》，公众可在法定图则草图的展示期内（两个月），向城规会作出书面申述（可提出支持或反对意见），所有申述均会公开予公众查阅，而任何人均可就申述提出意见，供城规会一并考虑。公众也可就城规会所收到的规划申请提交意见，供城规会审议申请时一并考虑。为使公众得悉申请内容，城规会须于报章刊登通知，以及在有关地点或附近贴出通知，知会公众有关的规划申请详情，以及安排申请的数据予公众查阅。除法定措施外，城规会亦会采取额外的行政措施知会公众，包括通过城规会网页、城规会秘书处、香港规划署的规划资料查询处、有关的地区规划处、地方小区中心、民政事务处及乡事委员会办事处等贴出通知，知会有关的业主立案法团或居民委员会等。此外，公众亦可从城规会秘书处会议转播室观看城规会会议的进行情况，或可在城规会网页浏览会议记录，这些程序均大大提高了香港法定规划制度的透明度和公众的认受性。

除法定层面的规划程序外，市民也可透过其他渠道，就他们关心的城市规划课题表达意见。当局在制定发展策略、地区规划或其他规划研究时，公众意见是重要的考虑因素。不同形式的公众参与活动（图11），如论坛、研讨会、展览，或透过公众参与地理资讯系统所进行的公众参与活动等，已成为规划过程核心的一环[9]。

4.2　人本规划、多样包容

香港是个多元文化的城市，由于人口的差异，市民对规划及发展有多样化的诉求是可以理解的。在规划的过程中，我们除了进行各种较客观的技术性评估外（如交通评估、环境评估等），还要顾及一些较主观的、涉及小区层面的考虑，以了解市民的意见及需要，从而制定更切合社会需要的规划指引。例如：人口老龄化现象促使我们检讨《香港规划标准与准则》，以确保在制定不同公共设施的供

图 11　市民参与规划活动的剪影

应标准及规划准则时，能充分照顾到不同人士的能力和需要。为达到政府鼓励残疾人士融入小区的政策，在发展或重建的规划过程中，我们尽量为残疾人士加入适当的康复服务及设施。在设计楼宇及公共场所时，还须注意应用普及的设计理念，以迎合不同年龄及能力的使用者[8]。

香港近年的大型发展项目，亦奉行"以人为本"的规划理念。以前启德机场一带的规划为例，当局多年来采取主动的方式，邀请公众及有关人士参与整个规划过程。启德发展计划是一项相当复杂的发展项目，规划范围超逾320hm²。计划的愿景是把启德发展成"维港畔富有特色、朝气蓬勃、优美动人及与民共享的区域"，使其成为一个集小区、房屋、商业、旅游和基础设施用途的地方。为切合"以人为本"的规划理念，启德发展计划中大部分的海滨地带将预留作公园或海滨长廊之用，与民共享，并设有方便及舒适的行人网络，连接启德及毗邻地区。为进一步加强与公众就启德发展计划的沟通，有关当局更定期出版通讯，汇报发展计划的进展[11]。

"公开规划、勇于承担"是香港规划署的信念之一。现时香港规划署约有 200 名城市规划师，我们十分鼓励市民参与规划工作，并向市民负责。诚然，在推行公众参与的过程中，我们也不时遇上一些市民或团体以较激进的方式表达诉求，甚或将规划议题复杂化及政治化。尽管公众参与的过程往往涉及不少人力、物力及时间，甚至非善意的冲击；但我们本着专业精神，以公正持平的态度，"以人为本"的规划理念，尽心竭力为市民服务，务求集思广益，设法与市民寻求良策，解决香港共同面对的发展问题。

5　情

"情"，勾起"香港风情"、"本土情怀"等与香港民间风习有关的联想。

5.1　香港风情、多元面貌

香港是个中西荟萃的城市。在这个散发着国际都市魅力的城市里，我们不仅庆祝各个西方节日（如：圣诞节、复活节、万圣节等），亦同样重视中国传统节日及本地节日（如：春节、端午节、清明节、重阳节、中秋节、国庆、香港特别行政区成立纪念日等）。此外，香港各处还世代相传地举行天后诞、谭公诞、黄大仙诞、车公诞、长洲的太平清醮、香港潮人盂兰盛会等充满地道色彩的风俗和庆祝活动。香港可说是中西文化的缩影，蕴藏着丰富的文化风俗及珍贵的非物质文化遗产。香港潮人盂兰盛会、大坑舞火龙、大澳端午龙舟游涌和长洲太平清醮等项目，已先后列入《国家级非物质文化遗产名录》[12]。

这些文化习俗与香港的空间发展有着微妙的关系。在进行城市规划时，我们致力透过不同形式去保存地区特色且平衡发展的需要，让建筑物与自然及小区环境相辅相融。举例来说：中秋节期间，在毗邻香港著名购物区铜锣湾的大坑，逾百年来仍保存着舞火龙的传统习俗。火龙插上过万枝线香，由多人舞动着，在大坑绣纱街一带的街道上飞舞翻腾，火光闪烁[13]。在城市规划层面而言，绣纱街一带有多排格状街道，有助营造邻里相连及予人亲切感的街道特色。为进一步保存该区的街道特色及改善该区的行人步行环境，涵盖该的分区计划大纲图已制订，规定在该区发展或重建时应保留及不可盖过这些街道，及将部分区内的行人道扩阔。大坑虽在香港闹市一隅，却能保留充裕的地面空间，间接孕育了这条偌大的火龙，每逢中秋大放光芒。此外，香港山峦起伏的环境，亦与重阳节登高的习俗配合得天衣无缝。香港的繁盛都市附近，政府各有关部门致力保育了辽阔的郊野公园，并设有约 40 条易达及各具特色的行山径[14]，方便市民体验登高远足的乐趣，亦助重阳登高的习俗得以传承。

经过多年旧区清拆重建，香港却仍能保留着多元文化的建筑面貌（图 12），当中不乏饶富历史及建筑特色的教堂、庙宇、学校和民居等，实有赖市民、政府以及相关人士及团体的协力合作。这些建筑物，就像镶嵌在地上的瑰宝一样，须各界多加爱惜。香港还有许多地方尚存原有的乡村特色（如新界锦田吉庆围、大埔沙螺洞等）或渔村风貌（如长洲、大澳、南丫岛等），亦须各界协力珍重。近年，建筑及地方保育课题，常成为香港社会所讨论的焦点，市民更加重视本地的历史文物及遗产。政府当局亦积极投放额外资源，并通过城市规划去保育及提升地区特色[15]，城市规划所担当的角色亦更为任重道远。

5.2 本土情怀、集体回忆

"本土情怀"是指港人对香港这个地方的感情及所关注的事物。殖民时代的香港，有学者以"借来的地方、借来的时间"来形容香港[16]。香港的殖民没有在文化或政治上被同化，很多华籍居民更被形容为政治冷感。及至香港回归祖国后，尤以 2003 年后，支持保育古迹文物及怀旧的情绪如雨后春笋，如 2003 年反对维港填海运动，2006 年及 2007 年保卫天星钟楼和皇后码头运动，以及最近保育"政府山"运动（图 13）等。这些"运动"，往往选择利用游行及集会等方式来表达诉求，而非循政府设立的公众咨询机制去表达意见，在某种程度上较为感性及激进，有人认为这是将规划议题政治化，更被传媒形容为社会抗争问题。亦有学者认为，这些被统称为"集体回忆"的论述，反映香港已由顺从的殖民地变为当家做主的特区，自然会对根在本土的关注，及对香港身份的积极意义有所诉求[17]。"集体回忆"的诉求一方面引发争议，却同时牵引一份深厚的民间情感[18]，而参与这些"运动"的人士尝试把城市公共空间赋予"寻根"的意义。

另一边厢，香港特区政府亦积极推动一股"正能量"，重塑"香港的核心价值"。在香港特区政府的《2011-2012

图 12 香港多元文化的建筑面貌

图 13 由政治及民间团体发起的保育政府山运动

施政报告》中，行政长官提及香港虽是个移民城市，但凭借上一代的默默耕耘，香港人在不知不觉间建立了一个独特的城市，也塑造了这个城市的性格。崇尚自由，尊重法治，要公平、有公义、爱廉洁、多元包容，成为香港的核心价值所在。早于《2007-2008 施政报告》中，他提出"进步发展观"的发展路向，当中包括以活化带动小区发展。在文物保育方面的重点不应限于保存历史建筑，而是活化历史建筑，使它们融入小区之中，与小区互动，从而带来社会及经济效益。依照"进步发展观"的概念，当局更主动出击，推出多项保育计划，如"保育中环"、"活化历史建筑伙伴计划"（包括景贤里、前虎豹别墅）等。其实，发展与保育并非水火不容。我们认同文化保育的重要性，并致力在持续发展和文物保育两者之间取得平衡[15]，实践合乎情理及与时俱进的保育发展。

6 结语

犹记得，求学时期上"城市规划理论与实践"的第一课时，教授设的首道问题是："什么是城市规划？"投影片上随即显示："城市规划是科学，也是艺术"。

综观香港的"风、土、人、情"四项元素及其相关的城市规划体验，均经历了多年的探索及反思，并尝试情理兼备地去作出分析及平衡，才找到较切合香港现今实际环境和需要的城市规划模式，而这个过程仍在延续。香港山多平地少的地貌，致使我们采用集约的发展模式去开发土地，却有其利弊。配以综合土地利用、交通和环保的规划理念，集约的发展模式助就了香港构建"全天候"的行人网络系统，方便市民出行。与此同时，我们了解到集约的发展模式再加上香港的亚热带气候，对城市的通风状况造成不良的影响，故着力通过各项城市设计措施及空气流通

评估指引，改善城市的通风效果，让市民生活得更舒适。而香港就土地来源及发展密度方面，亦因应不同时期的经济社会需要而作出调整。时至今日，香港社会普遍明白土地资源的珍贵价值，并支持以可持续发展的原则去审视土地的供求。另外，经过多年的演进，香港的城市规划制度已落实公众参与，以期集思广益，令规划的成果更能以人为本。至于在保育及提升地区特色方面，香港政府及民间都认同文化保育的重要性，冀望能合力在持续发展和文物保育两者之间取得平衡。

在香港，城市规划的课题包罗万象、日新月异。文中就香港城市规划的概述，只属一鳞半爪，难窥全豹。社会不断蜕变演进，作为城市规划师，我们深明未来既反复不变，充斥着各种不明朗因素，故规划过程必须高度灵活，容许不断修正改善，才能有效应付各种变化。我们须采取务实、持平、进取及开放的态度，同时敢于检讨及创新，与市民一起寻求最切合香港长远发展的良策，推行"因地制宜、与时俱进"的规划，造福社会，更符合香港的"风、土、人、情"。

参考文献

[1] Globalisation and World Cities Research Network（GaWC）.

[2] 中国城市竞争力研究会.2011 中国城市分类优势排行榜.2011.

[3] 香港便览——香港概貌.

[4] 深圳特区报.2011-12-9.

[5] 香港中文大学，"空气流通评估方法可行性研究"研究结果摘要，2005.

[6] 香港特区政府发展局．立法会发展事务委员会防止新发展项目造成屏风效应及降低已发展地区的发展密度的措施.2008.

[7] 香港特区政府新闻网.2011-6-9.

[8] 香港 2030 规划远景与策略最后报告，2007.

[9] 香港便览——城市规划.

[10] 香港便览——郊野公园及自然护理.

[11] 香港特区政府发展局，立法会发展事务委员会启德发展进度报告，2010.

[12] 香港特区政府新闻网.2011-10-8.

[13] 香港旅游发展局网页.

[14] 香港康乐及文化事务署.行山乐小册子.

[15] 香港特区政府发展局官网.

[16] Hughes. R..Hong Kong: Borrowed Place, Borrowed Time.London: Andre Deutsch, 1968.

[17] 张炳良.香港身份：本土性、国族性与全球性的交织 [M]//.吕大乐、吴俊雄、马杰伟合编.香港.生活.文化.牛津大学出版社，2011.

[18] 谷淑美.香港城市保育运动的文化政治[M]//.吕大乐、吴俊雄、马杰伟合编.香港.生活.文化.牛津大学出版社，2011.

世博狂欢后的文化展望

朱大可

上海世博的狂欢早已结束，但我们仍可以重溯这场狂欢的基本结构，它由三种基本元素构成：①绚丽的火焰（幅员辽阔的照明体系、天空上烟火、火炬）；②狂热的人群（大数量的参观者）；③中国馆的倒金字塔以及稀奇古怪的各国建筑群、内部的展品、超大多维视屏和布展方式等等。所有这些事物组成了史无前例的仪典。原南市发电厂烟囱，世博时被改造为城市未来馆的"温度计"，尽管其本意是要表达都市盛夏的温度，而最终却成为一种狂欢热度的象征。

在狂欢之后，一种"节后综合征"在上海蔓延。市民陷入了极度的空虚之中。一些学生曾经向我抱怨：世博结束了，以后的日子怎么过呀？这种病症的深度，跟狂欢的热度形成正比——节日越是闹猛，节后的空虚感就越是强烈。而医治"节后综合征"的唯一疗法，就是尽快忘却这场盛典，重返旧日生活的轨道。毫无疑问，上海人和全中国人都走过了这个程序。他们先是狂热，而后是惆怅的空虚，最终则是淡然的忘却，仿佛这座城市没有发生过任何事件。遗忘是上海世博的最大遗产。

从一个比较"专业"的角度看，上海世博还有另外三件建筑空间遗产，它们分别是：中国最丑建筑中国馆、南市发电厂的烟囱温度计，以及被大幅度炒热的世博园区地产。

中国馆被改造成上海美术馆，却废弃全球通用的"美术馆"称谓，而采用一个相当恶俗的政治称谓——"中华艺术宫"，这已成为国内美术界广泛流传的笑话。该馆拥有 27 个展厅，除去贮藏空间、休闲空间、学术空间和教育空间，仅公共展示面积，便多达 6.4 万 m^2。这是令所有美术馆行政主管都惶惶不安的巨型空间，它因无展品可充填而变得怪异起来。它展示了一种严重的空间失调——建筑的宏大叙事跟展品的高度贫乏，形成具有讽刺意味的对比。但这并非是宫主的责任，而是整体文化原创力衰退的必然后果。

由未来馆改造而来的上海当代艺术博物馆，总建筑面积为 4.1 万 m^2，具有 12 个展厅以及图书馆、研究室、报告厅等功能性设施等。该馆声称争取三年内完成作品入藏 3000 件。这个数字，跟 600 多万件藏品的伦敦大英博物馆、400 万件的卢浮宫美术馆、200 多万件的纽约大都会美术馆相比，实在有天壤之别，即便以平均每年增加 1000 件的高速度推进，要想填补这个巨大的鸿沟，仍需耗费 2000~6000 年的时间。而在两千年之后，这些浮夸的建筑早已化为尘土。

两个"后世博"艺术展馆空间，空空如也，大而无当，找不到具有展示价值的实物加以充填，由此构成一个罕见的建筑式象征，喻示着文化衰败的严酷现状。历经 20 世纪的多次政治和战争浩劫，中国传统文化器物（书画和雕塑）已所剩无几，而当代艺术虽有资本市场的推动，却无法形成自由创造和文化繁荣的盛大景观。体量过于庞大的美术馆建筑空间，只能剧烈地反衬这种文化的空无。任何"大繁荣"和"大发展"的动人口号，都无法遮蔽这个尖锐的事实。

那么，人们热衷于谈论的所谓"后世博效应"，究竟体现在什么地方呢？世博局官员及其工作人员，手头拥有一大堆世界顶级设计师、策展人和演出团体的名片，可以用来进行各种文化输入活动；与此同时，世博园地

作者：朱大可，同济大学文化批评研究所教授

块被炒成了天价，为政府的财政收入提供了巨大的 GDP 资源。但除此之外，上海世博还有什么更深刻美妙的文化遗产呢？

我们已经看到，世博期间发生的大量不文明现象，并未成为一种刻骨铭心的全民教训，而世博中国馆所陈列的中国传统文化，也未能成为居民素质自我改造的历史参照系。上海世博，没有为中国人的个人教养，提供一个上升的支点，恰恰相反，在近期发生的各地反日示威中，"打砸抢"之类的"文革"场面，竟然堂而皇之地卷土重来，使人们对"后世博时代"教养改良的期待，最终化为一个绚丽的泡影。

不仅如此，世博中展出的西方文化和创意作品，并未成为都市居民参与文化科技的动力。仅以上海为例，我们没有看到这座城市出现创意、创新和创造浪潮的任何迹象，世博精神、世博科技和世博文化，从未真正进入社区，成为居民日常生活的一部分。世博也没有推动全国的都市艺术化改造，成为公共空间、公共雕塑和公共壁画的进化动力。城市的公共服务质量，也没有显著的进化迹象；尽管地铁的长度在不断增加，而上海交通的堵塞状况，反而有恶化的趋势，鉴于私人轿车的大量增加，居民停车难的问题愈演愈烈，正在成为上海及各都市的最大空间危机。

世博的中文口号"城市让生活更美好"（英文的汉语直译应为"更好的城市，更好的生活"），可视为当局向民众做出的一种重要承诺。但上海世博（2010 年 5 月 1 日 ~10 月 31 日）后的整整两年以来，在全国城市化的浪潮中，各地到处在发生强拆悲剧。某些地方政府和房地产商勾结，以暴力手段，强行摧毁公民住宅，导致大量流血和死亡悲剧；最近四川成都、江苏启东、宁波镇海因企业污染引发的居民抗议，也已成为全国关注的焦点。这是否意味着，城市改造和工业化的每一寸空间进程，都必须以伤害公民个人权利为沉重代价？无论如何，这些激烈的冲突事件，业已瓦解了"城市让生活更美好"的世博诺言。关于世博遗产的谈论，只能终结于一个黑色的句号。

得与失：作为社会空间再生产动因的城市重大活动

杨贵庆

"城市重大活动"一般是指对城市的经济、社会和文化生活带来重要影响的公共事件。在更多的语境下，这类重大活动一般是由政府组织、自上而下推动的，而且希望通过重大活动给城市发展带来积极影响和推进。例如，北京 2008 年奥运会、上海 2010 年世博会、西安 2011 年世界园艺博览会等。国内如此，国际上也不例外。例如伦敦举办的 2012 年夏季奥林匹克运动会，给伦敦城市东部地区的重建复兴带来了重大契机。总体来看，城市重大活动本身的国际化特征以及给城市所带来的巨大经济社会效益，甚至对一个国家发展和民族文化的积极营销所带来的促进，使得城市政府乃至国家财政倾注力量予以运作。对此，著名的城市规划学者唐子来教授曾以"FACE"一词中的 4 个英文字母来形象地表述城市重大活动推进城市营销的 4 个方面。其含义大致如下："F"代表了 Festival，即各种传统节日；"A"是 Activity，指各种主题活动；"C"是指 Celebration，即包括各种颁奖庆典；"E"是 Exhibition，是指各种展览展示。以上 4 个英文字母所形成的单词"FACE"正好又是"脸面"的意思，寓意了城市的一张"名片"。上述对"城市重大活动"这一关键词所作的创意性诠释，正是反映了当今以资本、技术和传媒等要素的全球化过程为特征的城市经济和社会发展的模式转变。

之所以城市规划对"城市重大活动"予以关注，其中

较为直接的原因，也许是因为它们对城市空间环境和功能结构的改变带来重大影响。一般来说，城市重大活动需要占用相当规模的城市用地，少则数公顷，多则也许几个平方公里。因此，重大活动其规划建设的选址，可作为地方政府推进旧城改造、城市功能结构调整、优化城市空间结构等实施城市总体规划的重要契机。尤其是在举办活动之后，场地、场馆的后续利用才是真正实现城市功能转型和空间优化的目的所在，从而实现城市长远的规划发展意图。例如，上海 2010 年世博会 5.28km^2 场地的选址和永久性场馆的建设，推进了黄浦江在上海市区上游地段两侧的改造，特别是对于原来以制造业为主的第二产业占用黄浦江岸线的现状，通过举办世博会，将一些工业生产岸线转变为城市生活岸线，加快了传统制造业的转移和转型；同时，永久性场馆区将进一步规划建设成为上海市中心城区的文化活动中心。这一城市级别的文化中心与以南京东路、外滩和浦东陆家嘴地区所形成的城市中央商务区遥相辉映，从而形成上海中心城区多中心、多极发展的结构。由此来看，上海世博会这一城市重大活动，有效地推进了上海大都市现代城市功能的重构，引领产业发展方式转型，推进了上海城市总体规划的实施。这应该是较为睿智的"得"。

城市规划对"城市重大活动"予以关注，其中更为深层的原因，也许是因为它们能够对城市社会空间的改变带来深远影响。在这里，我们把"城市社会空间"定义为：城市不同社会阶层人群的集体行为在空间上的分布状况。城市重大活动通过对物质空间环境的改造，影响并重塑了新的城市空间环境，改变了不同社会阶层人群在空间上的集体行为，从而重塑了新的城市社会空间。这一社会空间重塑的过程，正符合 20 世纪法国哲学思想大师 Henri Lefebvre（亨利·列斐伏尔）所提出的"空间生产"（The Production of Space）的要义。列斐伏尔指出：空间是社会的产物，是一个社会生产的过程，它

作者：杨贵庆，同济大学建筑与城市规划学院教授，城市规划系副主任

不仅是一个产品，也是一个社会关系的重组与社会秩序实践性建构过程。他的论述揭示了城市空间的社会属性，即城市空间的使用对象、服务人群。由于在一个特定的城市内部，城市空间具有不可再生的特性，特定类型的城市空间由于具有其相应的使用者或服务人群而具有某种程度的排他性。因此，城市空间使用权利的公平性，一定程度上反映了社会公平的本质。城市重大活动通过特定类型的空间再生产，重塑了新的城市社会空间类型和结构。在这一过程中，城市规划建设活动无法回避对于社会公平的考量。从空间公平到社会公平，这应该是城市规划核心价值观的重要内涵之一吧。

一项成功的"城市重大活动"，在规划建设方面应该体现出城市物质空间和社会空间优化的有机结合。在举办城市重大活动的名义下，城市物质空间环境的改善，不以牺牲城市社会空间的优化为代价，反之，应通过利用改善物质空间环境的契机，来优化城市社会空间。例如，2012年伦敦举办夏季奥林匹克运动会，选址于伦敦城市东部、泰晤士河下游北部的地区。此地区涉及的250英亩（约101公顷）是针对原有传统工业用地进行改造，并对周边贫困社区进行环境整治。在场地规划中，几处大型足球场地在赛后将作为生态居住社区中供居民种植水果和蔬菜的花园；可拆卸的比赛场馆和看台，便于在赛后将用地转型成为举办综合运动会的社区体育场，也可用来举办其他大型社区活动。伦敦市政府积极利用奥运会重大活动的契机，推动了伦敦城市东部旧区改造，通过对贫困脏乱地区物质空间环境的改善，使得当地居民受到实惠，并且改变了伦敦人对于这一地区的原有的较为负面的认识，增强了这一地区的居住融合度，从而使得其城市社会空间品质得以提升。奥运会之后，该地区将成为大伦敦市城市空间东拓的有机组成部分，沿着泰晤士河的城市景观带也将得以东延，组团式城市空间结构将得以形成。这是城市重大活动推进城市物质空间改造和城市社会空间重塑的较好的范例之一。

然而，在不少情况下，城市重大活动成为"肢解"城市社会空间并使之隔离的助推器，从而造成了对城市空间使用的特权，远离了社会公平。例如，某些城市重大活动由于片面考虑美化城市物质空间环境，在重大活动所赋予的城市市政工程规划建设的名义下，对成片旧城居住区进行改造。改造之后的用途基本上是高档消费的场所，使用对象或服务人群是高收入的社会阶层，而原住民基本上被

高额的消费门槛所阻隔。这种城市空间分异和隔离的过程，早在20世纪早期芝加哥学派的帕克、伯吉斯等人，就以"社会生态学"的方法予以了研究，即城市社会空间通过"隔离、侵入和接替"等过程，完成了社会富裕阶层对高品质城市空间资源的占用，即所谓的"绅士化过程"（Gentrification），从而形成了更多体现在居住形态和居住行为上的城市社会空间隔离。因此，一些城市重大活动的结果，尽管主观意愿很好，但客观上却导致了对低收入阶层的空间隔离、排斥，甚至是驱赶。在现代城市社会空间结构的重塑过程中，城市重大活动通过对城市空间环境的规划建设，由于片面强调了市场机制的主导作用，城市空间的新秩序被土地价格等因素"磁化"排列，而忽视了诸如历史街区的历史文化价值，忽视了日积月累的社会网络等方面的社会属性和社会价值，从而失去了城市社会空间再生产的社会公平之核心内涵。这应该是较为遗憾的"失"。

在快速城镇化阶段，城市重大活动作为城市社会空间再生产的主要动因之一，确实面临着重大考验。由于重大活动从决策到实施建设，往往时间短、规模大、任务繁重，而且有的时候建设资金也十分有限，要综合考虑错综复杂的因素，可能会顾此失彼。然而，正是因为城市重大活动可能给城市带来的长远的后续效应，所以，有关城市重大活动的规划建设决策就更应该予以重视。从重大活动的规划选址，到实施活动阶段的安排，特别是对后续利用的综合考虑和潜伏设计，都应该谨慎而睿智。建议在进行城市物质空间环境改造的同时，充分重视原有城市社会生活肌理的多样化，重视原有城市日常生活的社会网络和活力，从而使得城市社会空间再生产的结果，既满足新的社会空间生产的需要，又反映出物质空间表象之后的社会公平。只有这样，才更能体现出城市空间规划建设的可持续发展的要义。

参考文献

[1] 唐子来，陈琳．经济全球化时代的城市营销策略：观察与思考[J]．城市规划学刊，2006（6）．

[2] 杨贵庆，黄璜．大城市旧住区更新居民住房安置多元化模式与社会融合的实践评析——以上海市杨浦区为例[J]．上海城市规划，2011（1）．

[3] 孙萌．后工业时代城市空间的生产：西方后现代马克思主义空间分析方法解读中国城市艺术区发展和规划[J]．国际城市规划，2009（6）．

落脚城市：走向主流社会的接待厅

陈盈

在农村长大，接受完城市的教育，我成为"落脚城市"人群中的一员。工作之余，开办了公益读书会：集中关注城市文化现象和人们的幸福感。机缘巧合下与《落脚城市》的策划出版单位合作了一期读书沙龙，参与书友分享了自己来到城市后的酸甜苦辣，纵观苏州乃至全国近二十年的发展，其实有一大部分是由这些漂泊无根的人造就而成的。因无根，就需要去牛根，"落脚"与"迁徙"让我们中的大部分得到生根，我们不像过去那么不受重视和被排斥，我们是乡村的逃逸者，也将是城市的主人翁之一。

由于《落脚城市》提到人类大迁徙和我们的未来，尤其是它打破了很多人对落脚城市的偏见，读完后感想很多，在书中看到了很多包括我在内的一群人的生活，我希望把这本书中提及的落脚城市的生命力表现出来，期待整个社会来关心和推动"落脚城市"的发展。

关注落脚城市的发展，首先明确何为"落脚城市"：落脚城市是农村居民前往城市后，最初落脚并聚集定居的地方。它的英文表达为 Arrival city，直观表现了乡村移民迁移、到达、开始新生活的一系列变动。用"落脚城市"这个词汇来形容都市中乡村真可谓是神来之笔。连接乡村和城市，希望与时间，蕴藏着许多诉说不及的梦想。这样的地区在每个城市中都存在，但是很多时候，政府和决策者们会选择视而不见。

总的说来，落脚城市的生命力在于每一次落脚都带来了新的乡村人脉和背后的社会资本，虽然他们落脚的地方环境不好、管理混乱，可是他们并不满足于这种生活条件，而是为追求跻身社会更上层而努力。他们通常来自残破乡村地区或周边乡村地带，既促进自己又帮助乡村宗族的经济力量。这些人脉和工作技术丰富了落脚城市本身的经济生产，又能帮助乡村的宗族，所以他们的影响是双重性的（城—乡）。

作者：陈盈，苏州寒舍公益读书会发起人之一，专题负责人和主持人，就职于品牌中国苏州中心，任品牌中国江苏读书院执行院长。

这本书从人口迁徙的角度，乐观地看待城市化过程。作者将落脚城市当做一个完整的、必不可少的过渡的城市形态，认定它们能活化农村，并且塑形城市和人类的未来。桑德斯的逻辑是这样的：在我们看来肮脏不堪的城中村，内部有着精细的向上流动的进取心。它们为城市供应劳动力、为经济体系供应更新的血液，为人口的循环更新准备资源。

作者大量的举例让人惊喜地意识到落脚城市不是被遗弃的地方，某种程度上落脚城市重新定义了都市生活的本质，落脚城市的文化不尽然是乡村也不尽然是都市，而是融合了两者的元素，迫切希望在这群志向远大又深深缺乏安全感的居民当中找到安全感的共同来源。在迁徙中充满了不稳定性，需要紧密的人际关系与支持体系，而家庭与个人的凝聚力又因此受到威胁，所以经常会发展出融合各种不同元素而且又充满保护性的新文化。拿苏州园区举例，它是苏州最大的落脚区域，大部分的外地人进入这个地区，园区的混搭文化遍地出现，原因就在于这些无根的人进入主流社会的时候，传统文化能够带来安全感和认同感。把看似不协调的事物扯上了关系，产生了令人意想不到的精彩效果，给人以莫名的震撼和感动，这或许就是落脚城市的人带给园区的创意的力量。并且落脚城市生活的人们为苏州文化注入了较为强烈的竞争意识和进取精神。许多横跨两种文化的创业优势使得外地优秀人才陆续进入苏州的各个行业奋斗，他们执著刻苦，富于进取。使得苏州人意识中潜藏的自我优越感减少了，心理压力增强了，竞争中受到了冲击。外地人的这种强烈的竞争意识和创新精神，影响着苏州的社会观念和社会心理，并开始进入苏州文化。同时，近二十年来，人们普遍感到苏州特色不那么浓了。为什么呢？苏州的文化特色被其他的地域文化冲淡了。其他地域的文化是怎么进入苏州的？当然是被外来人口带进来的。语言文化也是如此，兼收并蓄的苏州语言一直不断地融入各地语汇中的新养分。苏州城市精神强调"融和"即是如此，苏州文化走向更多元化。

上面说到落脚城市在苏州更像是促进苏州发展的新鲜血脉，甚至很多地方因为有了落脚城市人群的存在，经济文化更加繁荣，如苏州园区的独墅湖。不少落脚城市的第二代进入政治、媒体与学术圈，人数也越来越多，鉴于他们父辈的辛苦经历，他们更多地关注民生，关注城乡的发展。这些人在城市带来的影响力会很大，将直接提高整个城市的文化活力，某种意义上可以说落脚城市是进入主流社会的传统接待厅。

书中提到的重庆落脚城市区域"六公里"可以作为注解：这个地方的主要功能是作为他们迁徙过程的落脚，如同世界各地都市外围的新兴区域，六公里也具备一套特定

的功能，不只是供人居住、工作、睡觉、吃饭、购物，而是具有社会最重要的过渡功能。在这里，除了最基本的生存之外，其他各种重要活动的目的都在于把这些村民乃至整座村庄带进都市的世界，带进社会与经济生活的核心，让他们得以接受教育和适应文化，融入主流社会，享有可长久的繁荣生活。落脚城市不但聚集了处于过渡期的居民——外来人口一旦到了这里，即可转变为"核心"的读书人，在社会、经济与政治等方面都得以在都市里享有可长久的前途——而且本身也是处于过渡时期的地区，因为这里的街道、住宅、还有居住在这里的家庭，有一天都将成为核心都市的一部分。

落脚城市和城市存在很大差异，一方面，落脚城市与来源地乡村保持长久而紧密的关系，人员、金钱与知识的往返流通一直不间断，从而使得下一波的村民迁徙活动得以发生，也让村里的老年人得以照顾、年轻人得以受教育、村庄本身得以拥有建设发展所需的资金。另一方面，落脚城市也和既有城市具有重要而深切的联系：其政治体制、商业关系、社会网络与买卖交易等一个个的立足点，目的在于让来自乡村的新进人口能够在主流社会的边缘站稳脚跟从而谋取机会把自己和自己的下一代推向都市核心，以求获得社会的接纳，成为世界的一部分。落脚城市生产许多产品、贩卖许多产品，也容纳了许多人口，但这许许多多令人眼花缭乱的活动，已成了城市的成长计划、经济活动以及生活方式不可或缺的一部分。乡村每年收到的外援，最大的汇款来源是来自家属从城市寄回去的钱，这种金钱的流动具有两项重要功能：一方面把不断涌入的村民转变为财务稳定而且成功融入当地文化的城市人，另一方面也通过现金的流入提高乡村的城市化程度与文化水平，并且使其拥有自立的能力。这些钱使得乡村成为经济稳定的后农业地区。

很多落脚城市的人相互协作，建立个人与经济的支持网络，开创深入都市经济核心的管道，目的不只是维持生活与找到工作，而是要发展壮大。在这个过程中，支持的网络逐渐成形：商店、联谊组织、社团。更多人移居过来，互相帮助对方安顿下来，商会文化和商帮文化即是如此。

说到底，落脚城市真正需要的是协助工具，以便让其中的居民能够获得资产、教育、保障与创业机会，并且和广大的经济体系建立连接。政府在处理这个问题上应多花心思，尽可能做到让他们同样享受本市户籍人口的待遇和各种条件，并在基础设施、环境、教育上大力扶持发展，提供平台和舞台，做一些倾向性的政策支持。

人类学家帕尔曼（Janice Perlman）曾说过，一般人认知中的边缘地区，其实都是"奋力追求地位提升的社区"，

建构这些社区的人是"具有资产阶级的梦想、拓荒者的坚韧与爱国者的价值观，活力充沛、诚实正直、充满能力，只要获得实现梦想的机会，就能主动发展自己的邻里，经过一段时间之后，将自然演变成为富有生产力的社区，与城市彻底结合。"

到了20世纪末，许多经济学家与部分政府都已意识到，农村至城市的人口迁徙不仅不是贫穷国家的问题，还是这些国家未来经济发展的关键。实际上，世界银行在2009年针对这项议题进行了至今为止最大规模的研究，结果发现削减贫穷与促成经济成长最有效的方法，乃是鼓励人口迁徙，促使都市人口密度成长至上限，并且促成最大都市的成长——前提是乡村移民抵达的都市区域必须获得大量投资，也必须获得政府提供的基础设施建设。这是历史上首度彻底承认落脚城市是世界未来发展的核心要素。

如今，生活在大部分落脚城市的人们得到了更多的尊重，比如异地高考政策的出台。随着社区的发展，落脚城市会逐渐成为它所依附的城市的一部分，而每一座现代城市都是在许许多多落脚城市的基础上诞生的。既然城市化是不可逆转的潮流，就拥抱城市化，我相信作者说的那句"落脚城市是一部转变人类的机器，只要让落脚城市充分发展，这部机器即可开创一个可持续的世界。"

上辑补遗

由于编者疏忽，《城乡规划》"城市病"专辑的审稿人姓名出现错误，"王陆新"应为"王桂新"，即上辑审稿专家为：王桂新　全永燊　陈秉钊　陈锋。特向王教授与读者表示歉意。

CHINA-UP 专栏

中国城乡规划行业网
CHINA-UP.COM

　　为配合本期主题"城市重大活动规划"，特别遴选 China-Up"视频"频道两位专家演讲报告的部分 PPT 演示，分别为北京市城市规划设计院施卫良院长做的"后奥运对北京城市的发展"报告和上海同济唐子来教授做的"2010 年世博会城市最佳实践区：一个创意的实施过程"报告，详细内容还请参见"视频"频道。

一、"后奥运对北京城市的发展"报告（施卫良院长）

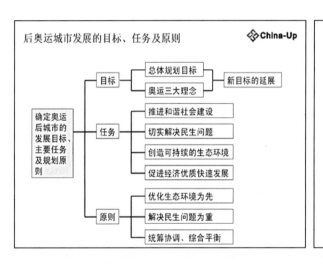

后奥运城市发展新目标："人文北京、科技北京、绿色北京"

发展方向转变

从举办大型赛事转向城市可持续发展

赛时——举办国际赛事、提升奥运形象　赛后——回归城市生活、服务城市居民

发展目标转变

从"绿色奥运"迈向宜居城市（绿色北京）

赛时——改善环境状况、展现城市新貌　赛后——提高环境质量、建设宜居城市

从"科技奥运"迈向创新之都（科技北京）

赛时——提高经济水平、科技服务奥运　赛后——增强创新能力、科技服务大众

从"人文奥运"迈向首善之区（人文北京）

赛时——传播奥运精神、展示文明形象　赛后——提高生活质量、促进社会和谐

主要任务分解

推进北京和谐社会的建设
——和谐文化建设
——社会事业发展
——素质教育与全民健身
——提高社会管理和服务的水平
——统筹解决人口问题
切实解决好民生问题
——就业机会与公平
——教育资源整合
——医疗保健体系完善
——住房条件改善
——交通方式调整
——居住环境改善

创造可持续的生态环境
——环保意识培养
——长效机制建立
——环保标准完善
——重大环境项目推进
——措施跟进：资源保护、污染防治、绿化建设
促进北京经济优质快速发展
——转变政府职能和深化体制改革
——推动产业发展高端化
——发挥中关村科技园区的龙头作用
——整合土地资源
——发展新农村建设
——区域协调发展
——大力发展循环经济

■　加强区域协调，促进共同发展
　　——强化发展合作，促进协调发展

按照"统筹协调、互惠互利、突出重点、从实起步"的原则，坚持市场主导和政府推动相结合，积极创新合作机制，促进协调发展和共同繁荣。
➤ 重点推进京津一体化发展
——加强与滨海新区的产业互补发展与经济技术合作
——与天津一同发挥好带动区域协调发展的关键作用
➤ 与周边城市、地区的双边、多边合作与协作
——区域产业结构与布局调整
——区域重大交通、市政基础设施规划建设
——区域人口合理分布与城镇建设
➤ 共同关注的区域性重大问题的协调解决
——轨道交通、过境公路、对外通道等交通规划建设
——北京新机场选址建设
——区域水资源联合调度及张坊水库建设
——密云、官厅水库水源保护及区域水资源保护协调
——京杭大运河恢复

天津滨海新区

京津冀主要城市联系示意

■ 搞好生态保护，资源综合利用
——减少发展代价，提高发展效益

根据存在问题及后奥运发展的特点，加强资源的保护与合理利用，搞好生态环境保护，促进经济发展，改善人居环境。
➤ 建设资源节约型社会
——水资源保护及节约利用
——高效利用土地资源
——提高能源利用效率（节能减排）
——历史文化资源保护与利用
——奥运遗产资源保护与合理利用
——既有建筑资源充分利用
➤ 建设环境友好型城市
——水、气、声、渣等环境污染防治
——生态环境保护与建设（区域—山区—平原—新城—中心城）

北京市域生态绿化规划图

■ 推进城乡统筹，市域协同发展
——减缓发展差异，促进均衡发展

突出重点、明确时序，推进产业与城镇互动、产业结构布局调整与城市空间结构调整的互动促进。
➤ 突出产业发展和重点地区带动
——推进产业结构调整与优化升级，改善就业（重点）
——六大产业功能区及地区优势产业发展（特色）
——全面推进实施新城建设与带动（产业+城镇）
➤ 推进城市均衡发展
——加快南城及南部地区发展，促进南北城统筹发展
——重点推进东南方向亦庄新城发展建设
——旧城、中心城、新城、小城镇、农村地区发展协同
➤ 推进城乡统筹发展
——实施小城镇与新农村建设"双轮驱动"（带动+基础）
——继续推动完善城乡协调发展的长效机制

重要现代服务业专业聚集区分布示意图

北京商务中心区

■ 新城发展

　　加快新城发展，积极推动产业向新城的转移和集中，引导培育城市新的经济增长极，疏解中心城人口和功能，集聚新的产业，改变目前单中心均质化发展的状况，以缓解中心城由于功能过度聚集带来的巨大压力和诸多问题，切实有效保护古都风貌。

　　重点建设通州、顺义、亦庄3个新城。要充分依托现有卫星城和重大基础设施，建设相对独立、功能完善、环境优美、交通便捷、公共服务设施发达的健康新城。

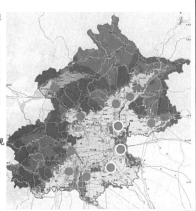

■ 轨道交通建设

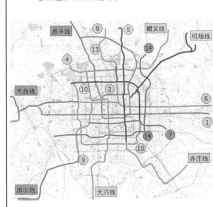

第一阶段（2008年）
建成3条线，累计运营里程达200公里
10号线一期（含奥运支线）
5号线、机场线

第二阶段（2012年）
建成8条线，累计运营里程达407公里
4号线、6号线、8号线
9号线、10号线二期、亦庄线、大兴线、顺义线
其中2010年建成3条线，累计运营里程达276公里
4号线、9号线、亦庄线

第三阶段（2015年）
建成5条线，累计运营里程达561公里
7号线、14号线、大台线
昌平线、房山线

二、"2010年世博会城市最佳实践区：一个创意的实施过程"报告（唐子来教授）

《城乡规划》读者俱乐部

为了回馈广大读者和作者对《城乡规划》的支持和厚爱，依托中国建筑工业出版社这个优秀平台，《城乡规划》现成立读者俱乐部，推出代购建工版图书业务。凡需订购建工版图书的读者，一次购买1000元以上建工版图书，可享受八折优惠。

优秀规划类图书推荐：

17887 城市规划资料集（光盘版）作者：本书编委会 定价：1480元

11213 城市规划资料集：第1分册 总论 作者：同济大学 定价：160元

11587 城市规划资料集：第2分册 城镇体系规划与城市总体规划 作者：广东省城乡规划设计研究院等 定价：115元

12722 城市规划资料集：第3分册 小城镇规划 作者：华中科技大学建筑城规学院等 定价：100元

10917 城市规划资料集：第4分册 控制性详细规划 作者：中国城市规划设计研究院 定价：96元

12766 城市规划资料集：第5分册 城市设计（上、下） 作者：上海市城市规划设计研究院 定价：187元

11297 城市规划资料集：第6分册 城市公共活动中心 作者：本书编委会 定价：130元

12955 城市规划资料集：第7分册 城市居住区规划 作者：中国城市规划设计研究院等 定价：180元

15834 城市规划资料集：第8分册 城市历史保护与城市更新 作者：中国城市规划设计研究院等 定价：198元

15521 城市规划资料集：第9分册 风景·园林·绿地·旅游 作者：中国城市规划设计研究院 定价：168元

15502 城市规划资料集：第10分册 城市交通与城市道路 作者：本书编委会 定价：148元

13439 城市规划资料集：第11分册 工程规划 作者：中国城市规划设计研究院等 定价：92元

20084 当代城市规划著作大系：从"地方"到"全球"中国区域城市化动力与国际化路径研究 作者：周蜀秦 定价：49元

20093 当代城市规划著作大系：城市空间在层进阅读方法研究 作者：刘堃 定价：32元

19365 当代城市规划著作大系：当代城市设计探索 作者：金广君 定价：78元

19270 当代城市规划著作大系：宜居城市评价与规划理论方法研究 作者：董晓峰等 定价：39元

15195 当代城市规划著作大系：当代中国城市形态演变 作者：熊国平 定价：69元

15171 当代城市规划著作大系：旧城的和谐更新 作者：万勇 定价：40元

15876 当代城市规划著作大系：中国都市区发展：从分权化到多中心治理 作者：罗震东 定价：42元

16710 当代城市规划著作大系：城市路网结构体系规划 作者：蔡军 定价：49元

15726 当代城市规划著作大系：大城市边缘地区空间整合与社区发展 作者：王玲慧 定价：45元

16315 当代城市规划著作大系：全球化世纪的城市密集地区发展与规划 作者：张京祥等 定价：42元

16870 当代城市规划著作大系：中国历史文化名镇名村保护理论与方法 作者：赵勇 定价：48元

17513 当代城市规划著作大系：城市规划与城市社会发展 作者：黄亚平 定价：49元

18019 当代城市规划著作大系：中国土地制度下的城市空间演变 作者：陈鹏 定价：39元

18040 当代城市规划著作大系：寒地城市环境的宜居性研究　作者：冷红　定价：69元

18084 当代城市规划著作大系：设计控制的理论与实践——当代中国城市设计的新探索　作者：苏海龙　定价：49元

18290 当代城市规划著作大系：市场经济下的中国城市规划　作者：朱介鸣　定价：55元

18312 当代城市规划著作大系：城市居住容积率研究——以长沙市为例　作者：冯意刚等　定价：58元

18763 国外城市规划与设计理论译丛：良好社区规划——新城市主义的理论与实践　作者：（加）吉尔·格兰特　定价：52元

18662 国外城市规划与设计理论译丛：塑造城市——历史·理论·城市设计　作者：（英）爱德华·罗宾斯等　定价：49元

11458 国外城市规划与设计理论译丛：城市设计　作者：（美）埃德蒙·N·培根　定价：73元

11492 国外城市规划与设计理论译丛：拼贴城市　作者：（美）柯林·罗等　定价：40元

12383 国外城市规划与设计理论译丛：国外城市规划与设计理论译丛　作者：（英）迈克·詹克斯等　定价：47元

12927 国外城市规划与设计理论译丛：城市发展史—起源、演变和前景　作者：（美）刘易斯·芒福德　定价：98元

13894 国外城市规划与设计理论译丛：大规划——城市设计的魅惑和荒诞　作者：（美）肯尼思·科尔森　定价：36元

13968 国外城市规划与设计理论译丛：我++——电子自我和互联城市　作者：（美）威廉·米切尔　定价：50元

14236 国外城市规划与设计理论译丛：1945年后西方城市规划理论的流变　作者：（英）尼格尔·泰勒　定价：38元

16454 国外城市规划与设计理论译丛：寻找失落空间——城市设计的理论　作者：（美）罗杰·特兰西克　定价：50元

16774 国外城市规划与设计理论译丛：城市和区域规划　作者：（英）彼得·霍尔　定价：56元

19670 国外城市规划与设计理论译丛：紧凑型城市的规划与设计　作者：（日）海道清信　定价：55元

19890 国外城市规划与设计理论译丛：设计城市——城市设计的批判性导读　作者：（澳）亚历山大·R·卡斯伯特　定价：88元

13393 城市规划与设计新思维丛书：都市圈规划　作者：邹军等　定价：78元

17172 城市规划与设计新思维丛书：非常城市设计——思想·系统·细节　作者：余柏椿　定价：58元

16154 城市规划与设计新思维丛书：后工业时代产业建筑遗产保护更新　作者：王建国等　定价：88元

19155 居住环境解析　作者：宁晶　定价：38元

18511 名家谈规划　作者：王新文　定价：38元

13635 现代城市规划理论　作者：孙施文　定价：128元

18389 复杂：城市规划的新观点　作者：赖世刚等　定价：29元

17660 城市规划视角下的城市比较分析——建构比较城市学的基础框架　作者：周善东　定价：55元

18284 当代小城镇规划与设计丛书：小城镇详细规划设计　作者：黄耀志等　定价：148元

19392 当代城市交通规划丛书：世博集约交通　作者：陆锡明等　定价：188元

20456 低碳生态与城乡规划　作者：张泉等　定价：65元

17464 城乡规划01——住房保障　作者：中国建筑工业出版社等　定价：30元

20159 城乡规划02——城乡统筹　作者：中国建筑工业出版社等　定位：36元

20336 大都市现代服务业集聚区理论和实践　作者：包晓雯　定价：30元

19829 为中国而设计　西北生土窑洞环境设计研究：四校联合改造设计及实录　作者：邱晓葵　定价：88元

19595 规划课　作者：齐康　定价：29元

18633 城市交通需求管理培训手册　作者：（美）安德里亚·伯德斯等　定价：48元

18153 城市停车设施规划　作者：张泉等　定价：48元

16144 城市设计：美国的经验　作者：（美）乔恩·朗　定价：120元

19859 城市色彩的规划策略与途径　作者：郭红雨等　定价：56元

19819 城市交通的理性思索　作者：杨涛　定价：40元

19524 生态城市主义　尺度、流动与设计　作者：杨沛儒　定价：46元

19380 图解城市设计　作者：金广君　定价：36元

19952 2010中国城市住宅发展报告　作者：邓卫等　定价：28元

14236 1945年后西方城市规划理论的流变　作者：

（英）尼格尔・泰勒　定价：38 元

18996 开发区发展与城市空间重构　作者：郑国　定价：36 元

11403 城市设计概论——理念・思考・方法・实践　作者：邹德慈　定价：118 元

10546 城市规划导论　作者：邹德慈　定价：25 元

19895 公交优先　作者：编委会　定价：68 元

18511 名家谈规划　作者：王新文　定价：38 元

18928 土地利用总体规划的思考与探索　作者：董黎明　林坚　定价：48 元

18834 多中心大都市——来自欧洲巨型城市区域的经验　作者：（英）彼得・霍尔等　定价：98 元

19647 城市更新与设计研究　作者：同济大学建筑与城市规划学院　定价：58 元

20092 旅游规划与设计——景区管理与九寨沟案例研究　作者：北京大学旅游研究与规划中心　定价：46 元

19557 旅游规划与设计——城市・中国・未来　作者：北京大学旅游研究与规划中心　定价：38 元

18300 中国城市规划发展报告 2008—2009　作者：中国城市科学研究会等　定价：78 元

19410 中国城市规划发展报告 2009—2010　作者：中国城市科学研究会等　定价：76 元

20703 中国城市规划发展报告 2010—2011　作者：中国城市科学研究会等　定价：90 元

近期新书

20698 当代城市规划著作大系：都市旅游与宜游城市空间结构研究　作者：汪忠满　定价：46 元

21215 当代城市规划著作大系：城市运作的制度与制度环境　作者：唐燕　定价：38 元

21396 当代城市规划著作大系：全球化背景下辽中城市群的边缘与结构理论研究　作者：张晓云　定价：35 元

21287 当代城市规划著作大系：我国城市更新中住房保障问题的挑战与对策——基于城市运营视角的剖析　作者：郭湘闽　定价：38 元

21467 当代城市交通规划丛书：上海交通模型体系　作者：陈必壮等　定价：148 元

21288 当代城市发展与规划丛书：中国城市转型的理论框架与支撑体系　作者：李彦军　定价：32 元

21881 2010-2011 年度中国城市住宅发展报告　作者：邓卫等　定价：28 元

20487 "十二五"中国城镇化发展战略研究报告　作者：住房和城乡建设部课题组　定价：30 元

20603 旅游规划与设计——节事・城市・旅游　作者：北京大学旅游研究与规划中心　定价：46 元

21969 旅游规划与设计——旅游移动性　作者：北京大学旅游研究与规划中心　定价：46 元

19453 武汉城市空间营造研究　作者：于志光　定价：76 元

21336 英国住宅建设——历程与模式　作者：［日］佐藤健正　译者：王笑梦　定价：46 元

21405 武汉市城市交通规划编制体系研究与实践　作者：武汉城市市交通规划设计研究院　定价：170 元

21505 城市山林——城市环境艺术民族潜意识图说　作者：刘向华　定价：48 元

21286 多维尺度下的城市主义和城市规划——北美城市规划研究最新进展　作者：吴维平等编译　定价：32 元

21504 城市规划评估指引　作者：宋彦　陈燕萍　定价：49 元

21570 公共商品住房分配及空间分布问题理论与实践——以新加坡公共住房和中国经济适用住房为例　作者：张祚　定价：48 元

21585 交通链路与城市空间——街道规划设计指南　作者：［英］彼得・琼斯等　译者：孙壮志等　定价：49 元

22006 国家科技支撑计划城市交通研究项目丛书：高可靠性城市路网保障技术　作者：陈艳艳等　定价：35 元

21620 中国旅游的国际营销　作者：阿拉斯塔・莫里森　译者：邵隽　定价：98 元

22337 旅游规划与设计——精品酒店　作者：北京大学旅游研究与规划中心　定价：49 元

22287 都市设计手法　作者：王笑梦　定价：32 元

22380 中国城市规划发展报告 2011-2012　作者：中国城市科学研究会等　定价：88 元

22557 当代城市规划著作大系：意愿价值评估法（CVM）在中国城市规划中的应用研究　作者：钱欣　定价：48 元

21561 当代城市规划著作大系：深圳城市设计运作机制研究　作者：叶伟华　定价：42 元

22393 空间信息技术在城市规划编制中的应用研究　作者："基于 3S 和 4D 的城市规划设计集成技术研究"课题组　定价：35 元

22807 基于 3S 和 4D 的城镇体系规划技术研究和系统开发　作者：尧传华等　定价：59 元

22575 城市基础设施水平综合评价的理论与方法研究

关于共同抵制学术不端行为的声明

为加强规划学术道德建设，遏制学术不端行为，切实维护良好的学术研究秩序，中国城市规划学会编辑出版工作委员会（以下简称委员会）各期刊作出如下共同声明：

1. 尊重规划科技创新，保护科研创新成果，保障学术成果著作权所有者的合法权益，委员会各期刊共同抵制学术不端行为。

2. 委员会各期刊将存在抄袭、伪造、篡改调查实验数据，一稿多投，不当署名等学术不端的行为计入学术诚信档案。

3. 委员会各期刊对稿件进行筛查，拒绝接收和刊登筛查重复率高于 10% 的来稿。

4. 建立学术不端信息互通、会商处置机制。委员会各期刊委派专人管理学术诚信档案，定期交流和通告学术诚信情况；各期刊共同磋商，联合处置学术不端行为。

5. 实施学术不端公众监督。委员会各期刊诚挚欢迎广大读者通过电话、邮件、微博等形式，举报学术不端行为，共同维护良好规划科研学术氛围。

中国城市规划学会编辑出版工作委员会各期刊
二〇一二年八月十六日于敦煌

联合声明期刊（按照刊名拼音顺序排列）：

《北京规划建设》　《城市导刊》　《城市规划》　《城市规划（英文版）》

《城市规划通讯》　《城市规划信息化》　《城市规划学刊》　《城市交通》

《城市空间设计》　《城市与区域规划研究》　《城乡规划》（北京、上海）

《城乡规划》（重庆）　《风景园林》　《凤凰城市》　《规划评论》　《规划师》

《国际城市规划》　《山地城乡规划》　《上海城市规划》　《云南城市规划》

URP 城乡规划
URBAN AND RURAL PLANNING

汇集多方智慧
共谋城乡发展

中国建筑工业出版社
复旦规划建筑设计研究院　　联合主编

下辑关注：城市发展中国模式

——"城市发展模式综合研究"·"城市发展空间模式研究"·"城市发展社会模式研究"·"城市发展经济模式研究"

城市发展领域有没有"中国模式"？

　　在当代世界经济发展中，中国探索出了一条既融入国际社会、又自主发展的"中国模式"。这一模式以其特有的竞争力、效率和适应性愈益吸引世人目光。而城市发展领域究竟有没有"中国模式"？若有，其内涵和特点是什么？如何看待"城市发展中的中国模式"？在全国上下热烈讨论转变发展方式的今天，以往的"中国模式"有哪些成功经验需要总结？又有多少问题值得反思？中国模式又如何适应未来的发展要求并不断完善？敬请关注《城乡规划》下辑：城市发展中国模式。

☆ 汇聚各界专家　熔铸学术智慧
☆ 解析当前时政热点、民生重点、学术焦点
☆ 构建城乡规划建设领域多学科、多视角的综合学术平台

我国规划界享有"天书"之誉的

城市规划资料集

隆重推出光盘版

CHENGSHI GUIHUA ZILIAOJI (11DVD)

（光盘版）

总主编单位
中国城市规划设计研究院
住房和城乡建设部城乡规划司

中国建筑工业出版社
CHINA ARCHITECTURE & BUILDING PRESS

规划师的"移动数据库"
随时随意检索下载，海量信息尽在掌握